# 电路实验与实践

邓海琴 张志立 主编

清华大学出版社
北京

## 内 容 简 介

《电路实验与实践》是一本综合性的实验与实践教材,是根据"电路实验"与"电工电子实践"教学大纲要求,结合作者多年的实践课教学经验编写而成的实验与实践教材。本书的内容包括:电路实验基础知识、11个经典的电路实验、Multisim 软件介绍及电路实验仿真、2个典型的电路实训项目。

本书以经典的电路实验为基础,辅以经典电子产品的装配与调试实训项目作为提高,理论结合实际,既加深了学生对电路理论和分析方法的理解,又培养了学生实践动手能力和创新精神。本书内容丰富,实用性强,可作为高等院校电类本科生电路实验教材,也可作为教师和工程技术人员的参考书。

版权所有,侵权必究。举报: 010-62782989, beiqinquan@tup.tsinghua.edu.cn。

**图书在版编目(CIP)数据**

电路实验与实践 / 邓海琴,张志立主编. -- 北京:
清华大学出版社,2024.12. -- ISBN 978-7-302-67558-7
Ⅰ. TM13-33
中国国家版本馆 CIP 数据核字第 2024QW8925 号

| | |
|---|---|
| 责任编辑: | 王　欣 |
| 封面设计: | 常雪影 |
| 责任校对: | 欧　洋 |
| 责任印制: | 刘　菲 |

出版发行:清华大学出版社
　　网　　址: https://www.tup.com.cn, https://www.wqxuetang.com
　　地　　址: 北京清华大学学研大厦 A 座　　邮　　编: 100084
　　社 总 机: 010-83470000　　邮　　购: 010-62786544
　　投稿与读者服务: 010-62776969, c-service@tup.tsinghua.edu.cn
　　质量反馈: 010-62772015, zhiliang@tup.tsinghua.edu.cn
印 装 者: 北京同文印刷有限责任公司
经　　销: 全国新华书店
开　　本: 185mm×260mm　　印　张: 11　　字　数: 268 千字
版　　次: 2024 年 12 月第 1 版　　印　次: 2024 年 12 月第 1 次印刷
定　　价: 52.00 元

产品编号: 108744-01

# 前　言

"电路实验与实践"课程是连接电路理论知识与实际应用的桥梁。本课程通过一系列常见的实验与实践项目,帮助学生深入理解电路的基本原理,掌握电路分析的基本方法,培养学生主动学习、自主动手和独立解决工程问题的实践能力和创新意识,为后续学习专业课程、从事工程技术研究奠定了基础。

本书内容围绕电路的基本概念、基本原理和基本分析方法展开,引入了2个综合实训项目,形成如下特色。

(1) 明确提出各实验的预习要求,引导学生在进入实验室前有针对性地预习实验相关内容,增强学生自主学习能力,并建立实验主体地位。

(2) 将电路理论与实验、实践有机结合,将相关理论知识具象化,帮助学生加深对电路理论的理解和应用。

(3) 通过11个基础实验项目和2个具有实用性的综合电子产品装配实训项目,培养学生的动手能力和工程实践技能。

(4) 引入功能十分强大的电路仿真软件(Multisim)并介绍软件的使用方法和仿真实例,帮助学生熟练地使用Multisim对电路进行仿真分析。

全书共分为6章,主要内容有:绪论介绍了电路实验与实践课程的教学方式和基本要求,强调电路实验室安全用电须知;第1章介绍了常用电子元器件基础知识,包括电阻器、电容器、电感器和常用半导体器件的相关知识与使用注意事项;第2章介绍了电路实验室常用的电测量仪表、电子仪器的工作原理与使用方法等;第3章介绍了电路实验过程中实验数据测量与处理的相关内容;第4章介绍了11个基础实验项目的实验原理、操作过程与实验报告要求等内容;第5章简要介绍了Multisim软件的使用方法,给出了直流电路和三相电路仿真实例;第6章介绍了电路实训的相关知识,给出了2个实训项目的安装与调试过程。

本书的绪论、第2章(除2.2.5节)、第3章、第6章及附录由邓海琴编写,第1章与4.6节、4.7节、4.8节由张志立编写,2.2.5节由魏芬编写,4.1节、4.2节由李红霞编写,4.3节、4.4节由戴丽佼编写,4.5节、4.9节由侯瑞编写,4.10节、4.11节由张彭程编写,第5章由鲍宁宁编写。全书由邓海琴统稿、校对。此外,王素青老师为本书的编写与校对做了大量的工作,在此表示衷心感谢。

本书参考了近年出版的相关技术资料与教材,汲取了许多专家、同仁的宝贵经验,在此一并表示感谢。

限于编者水平,书中难免存在不足之处,恳请读者提出批评和改进意见。

编　者

2024年3月

# 目 录

绪论 ································································································· 1

**第 1 章 常用电子元器件基础知识** ········································································ 10
 1.1 电阻器、电容器和电感器 ········································································ 10
  1.1.1 常用电阻器 ··············································································· 10
  1.1.2 常用电容器 ··············································································· 15
  1.1.3 常用电感器 ··············································································· 18
 1.2 常用半导体器件 ················································································· 19
  1.2.1 晶体二极管 ··············································································· 20
  1.2.2 晶体三极管 ··············································································· 23

**第 2 章 常用电测量仪表及电子仪器的使用** ···························································· 26
 2.1 常用电测量仪表的使用 ·········································································· 26
  2.1.1 常用电测量仪表的分类与选用 ······················································· 26
  2.1.2 磁电式、电磁式、电动式测量仪表 ················································· 28
  2.1.3 万用表 ····················································································· 39
  2.1.4 其他电测量仪表 ········································································· 42
 2.2 常用电子仪器的使用 ············································································· 44
  2.2.1 直流稳压电源 ············································································ 45
  2.2.2 单相调压变压器 ········································································· 46
  2.2.3 函数信号发生器 ········································································· 47
  2.2.4 交流毫伏表 ··············································································· 50
  2.2.5 示波器 ····················································································· 50

**第 3 章 实验数据基本知识** ················································································ 57
 3.1 测量误差及误差分析 ············································································· 57
  3.1.1 误差的来源和分类 ······································································ 57
  3.1.2 误差的表示方法 ········································································· 58
 3.2 实验数据的读取、记录与处理 ·································································· 59
  3.2.1 实验数据的读取 ········································································· 59
  3.2.2 实验数据的记录 ········································································· 59
  3.2.3 实验数据的处理 ········································································· 60

# 第4章 电路实验内容 ………………………………………………………………… 61
## 4.1 电路元件的伏安特性 ……………………………………………………… 61
### 4.1.1 预习要求 ……………………………………………………………… 61
### 4.1.2 实验目的 ……………………………………………………………… 61
### 4.1.3 实验原理 ……………………………………………………………… 61
### 4.1.4 实验任务 ……………………………………………………………… 63
### 4.1.5 注意事项 ……………………………………………………………… 64
### 4.1.6 实验报告要求与思考题 …………………………………………… 64
### 4.1.7 实验仪器及设备 …………………………………………………… 65
## 4.2 基尔霍夫定律的验证 …………………………………………………… 65
### 4.2.1 预习要求 ……………………………………………………………… 65
### 4.2.2 实验目的 ……………………………………………………………… 65
### 4.2.3 实验原理 ……………………………………………………………… 65
### 4.2.4 实验任务 ……………………………………………………………… 67
### 4.2.5 注意事项 ……………………………………………………………… 68
### 4.2.6 实验报告要求与思考题 …………………………………………… 68
### 4.2.7 实验仪器及设备 …………………………………………………… 68
## 4.3 叠加定理的验证 ………………………………………………………… 68
### 4.3.1 预习要求 ……………………………………………………………… 68
### 4.3.2 实验目的 ……………………………………………………………… 69
### 4.3.3 实验原理 ……………………………………………………………… 69
### 4.3.4 实验任务 ……………………………………………………………… 70
### 4.3.5 注意事项 ……………………………………………………………… 70
### 4.3.6 实验报告要求与思考题 …………………………………………… 70
### 4.3.7 实验仪器及设备 …………………………………………………… 71
## 4.4 戴维南定理和最大功率传输定理的验证 …………………………… 71
### 4.4.1 预习要求 ……………………………………………………………… 71
### 4.4.2 实验目的 ……………………………………………………………… 71
### 4.4.3 实验原理 ……………………………………………………………… 71
### 4.4.4 实验任务 ……………………………………………………………… 73
### 4.4.5 注意事项 ……………………………………………………………… 75
### 4.4.6 实验报告要求与思考题 …………………………………………… 75
### 4.4.7 实验仪器及设备 …………………………………………………… 75
## 4.5 运算放大器和受控电源的实验研究 ………………………………… 76
### 4.5.1 预习要求 ……………………………………………………………… 76
### 4.5.2 实验目的 ……………………………………………………………… 76
### 4.5.3 实验原理 ……………………………………………………………… 76
### 4.5.4 实验任务 ……………………………………………………………… 80

|       | 4.5.5 注意事项 | 83 |
|---|---|---|
|       | 4.5.6 实验报告要求与思考题 | 84 |
|       | 4.5.7 实验仪器及设备 | 84 |
| 4.6 | 交流电路参数的测定 | 84 |
|       | 4.6.1 预习要求 | 84 |
|       | 4.6.2 实验目的 | 84 |
|       | 4.6.3 实验原理 | 85 |
|       | 4.6.4 实验任务 | 88 |
|       | 4.6.5 注意事项 | 90 |
|       | 4.6.6 实验报告要求与思考题 | 90 |
|       | 4.6.7 实验仪器及设备 | 90 |
| 4.7 | 三相电路 | 90 |
|       | 4.7.1 预习要求 | 90 |
|       | 4.7.2 实验目的 | 91 |
|       | 4.7.3 实验原理 | 91 |
|       | 4.7.4 实验任务 | 93 |
|       | 4.7.5 注意事项 | 95 |
|       | 4.7.6 实验报告要求与思考题 | 95 |
|       | 4.7.7 实验仪器及设备 | 95 |
| 4.8 | 常用电子仪器的使用 | 96 |
|       | 4.8.1 预习要求 | 96 |
|       | 4.8.2 实验目的 | 96 |
|       | 4.8.3 实验原理 | 96 |
|       | 4.8.4 实验任务 | 98 |
|       | 4.8.5 注意事项 | 100 |
|       | 4.8.6 实验报告要求与思考题 | 100 |
|       | 4.8.7 实验仪器及设备 | 100 |
| 4.9 | 串联谐振电路的研究 | 100 |
|       | 4.9.1 预习要求 | 100 |
|       | 4.9.2 实验目的 | 101 |
|       | 4.9.3 实验原理 | 101 |
|       | 4.9.4 实验任务 | 103 |
|       | 4.9.5 注意事项 | 104 |
|       | 4.9.6 实验报告要求与思考题 | 105 |
|       | 4.9.7 实验仪器及设备 | 105 |
| 4.10 | RC 网络频率特性的研究 | 105 |
|       | 4.10.1 预习要求 | 105 |
|       | 4.10.2 实验目的 | 106 |
|       | 4.10.3 实验原理 | 106 |

  4.10.4 实验任务 ·············· 108
  4.10.5 注意事项 ·············· 109
  4.10.6 实验报告要求与思考题 ·············· 109
  4.10.7 实验仪器及设备 ·············· 109
 4.11 一阶 RC 电路的时域响应 ·············· 109
  4.11.1 预习要求 ·············· 109
  4.11.2 实验目的 ·············· 110
  4.11.3 实验原理 ·············· 110
  4.11.4 实验任务 ·············· 113
  4.11.5 注意事项 ·············· 114
  4.11.6 实验报告要求与思考题 ·············· 114
  4.11.7 实验仪器及设备 ·············· 115

## 第 5 章 Multisim 10 仿真实验 ·············· 116

 5.1 Multisim 软件简介 ·············· 116
 5.2 Multisim 10 的基本界面 ·············· 117
  5.2.1 Multisim 10 的主菜单栏 ·············· 117
  5.2.2 Multisim 10 的设计工具栏 ·············· 118
  5.2.3 Multisim 10 的仿真开关 ·············· 118
  5.2.4 Multisim 10 的元器件工具栏 ·············· 118
  5.2.5 Multisim 10 的虚拟仪器工具栏 ·············· 120
 5.3 用 Multisim 10 仿真分析直流电路的定理 ·············· 124
  5.3.1 实验目的 ·············· 124
  5.3.2 电路原理图编辑 ·············· 124
  5.3.3 电路仿真分析 ·············· 125
  5.3.4 实验任务 ·············· 130
 5.4 用 Multisim 10 仿真分析三相电路 ·············· 131
  5.4.1 实验目的 ·············· 131
  5.4.2 仿真内容与步骤 ·············· 131

## 第 6 章 电路实训 ·············· 136

 6.1 电路实训概述 ·············· 136
  6.1.1 电路实训的目的、要求和设备 ·············· 136
  6.1.2 电路实训的准备知识 ·············· 137
  6.1.3 电路实训的过程 ·············· 137
 6.2 MF47 型指针式万用表的组装与调试 ·············· 139
  6.2.1 任务目标 ·············· 140
  6.2.2 实训仪器和设备 ·············· 140
  6.2.3 相关知识点 ·············· 140

6.2.4 实训内容与步骤 …………………………………………… 143
  6.2.5 产品调试与验收 …………………………………………… 152
  6.2.6 拓展提高 …………………………………………………… 155
  6.2.7 考核评价 …………………………………………………… 156
 6.3 CAI201型数字时钟安装与调试 ………………………………… 157
  6.3.1 任务目标 …………………………………………………… 157
  6.3.2 实训仪器和设备 …………………………………………… 157
  6.3.3 相关知识点 ………………………………………………… 157
  6.3.4 实训内容与步骤 …………………………………………… 160
  6.3.5 产品调试与验收 …………………………………………… 162
  6.3.6 考核评价 …………………………………………………… 164
  6.3.7 实习报告要求 ……………………………………………… 164

**参考文献** ………………………………………………………………… 165

**附录　DGL-I型电工实验板** ………………………………………… 166

# 绪 论

"电路(原理)实验"是高等学校本科电子信息类和电气类专业一门重要的专业基础实践课程,是电路理论课程的重要环节,在培养学生通过实验验证理论、提高实验实践动手能力等方面起着举足轻重的作用。电路实验把抽象的电路理论知识演绎于感性层面,并注重在理论指导下实验与实践技能的提高,以培养学生积极思考、主动学习、自主动手和独立解决工程问题的研究能力,树立创新意识,为其后续学习专业课程和从事工程技术研究奠定基础。

### 1. 电路实验的目标与任务

"电路实验"作为专业基础实践课,已经由单一的验证原理和掌握实验操作技能拓展为一门综合技能训练的实践课程,成为了实验技能基本训练的重要环节。首先,电路实验教学要注重训练学生的基本实验技能,要求学生熟练使用基本的实验仪器,掌握基础的实验方法;其次,电路实验要实现多层次、多类型的实验教学内容,引导学生在具备扎实的基本功之后发挥主观能动性和创造性;最后,电路实验可引入实践性强、趣味性强的实习实践内容,激发学生学习的兴趣。

根据教育部高等学校电工电子基础课程教学指导分委员会拟定的电路基础课程教学基本要求,结合我校高级应用型人才培养目标,我校的电路实验教学基本要求如下:

(1) 能正确使用常用的电测量仪表、电子仪器、实验设备和电工常用工具,熟悉电子电路中常用的元器件的性能。

(2) 能理论联系实际,学会识别电路原理图,用理论知识指导实验与实践;通过实验,加深理论与实践的联系,体会理论对实践的指导意义。

(3) 具备实验与实践的实际操作能力。能够完成实验电路的合理布局、接线、测试、准确读取和记录数据,能够排除实验电路的简单故障和解决实验电路中常见的问题,能够在教师的指导下完成电路实训产品的组装与调试工作。

(4) 具备一定的实际工作能力,能独立完成实验任务与实训项目,独立撰写实验报告与实训总结;能够正确整理实验数据、绘制曲线图表和进行误差分析,具有一定的工程估算能力;能够从实验现象、实验结果中归纳、分析和创新实验方法。

(5) 学会查阅相关技术手册和网上查询资料,并通过查询到的资料完成实验与实训相关课外知识的自主学习;学会使用 Multisim 等仿真软件,对实验电路进行仿真分析和辅助设计。

(6) 在实验过程中,要求做到"一人一组,独立操作",熟悉电路实验室的相关操作规程。

遵守纪律,态度要严肃认真,操作与数据记录要实事求是,要勤奋钻研、勇于创新。

(7) 特别要注意的是,必须掌握一般的安全用电常识,做到安全用电、安全实验。

## 2. 电路实验的教学方式

### 1) 课程安排

针对我校应用型人才培养目标,在本科第三学期,面向电类专业开设的"电路实验与实践"课程体系如图 1 所示。

图 1 "电路实验与实践"课程体系示意图

图 1 说明了我校电类专业的电路课程结构。先由电工电子实践入门,让学生对相应课程的内容有初步而具象的认识(通过具体的实践项目激发学生对该课程的兴趣),然后是电路理论教学与电路实验教学双管齐下,让抽象的电路理论在实验中得到直观的验证,使学生学习电路理论的难度大大下降,同时也提高学生实验与实践的能力。因此,完整的"电路实验与实践"课程在内容设置上分为 3 种:①电工电子实践,即在教师指导下,由学生独立完成一项具有应用意义的产品的组装和调试(如 MF47 指针式万用表、数字时钟),培养学生的工程实践能力,激发学生的实验与实践兴趣;②基础性与验证性实验,即对元器件特性、参数测量和基本定理进行验证,学生可根据实验目的、实验任务和实验步骤,验证电路理论课程的有关原理,巩固所学的理论知识,掌握包括电路识图、接线规范、仪器仪表的使用、简单故障排除、数据记录与分析、处理常见问题等基本技能;③提高性实验,即给定实验电路,由学生自行拟订实验方案(包括理论依据),正确选择仪器,完成电路连接和性能测试任务,并能够解决实验中出现的问题(包括故障排除)。在完成电路理论、实验与实践的课程后,学生将会进入模拟电子技术、数字技术的理论与实验、实习、课程设计等相关课程的学习,从而形成完整的专业基础课程体系。

### 2) 电路实验过程

电路实验要求"一人一组,独立完成"。弱电实验每班由 1 名教师负责讲解与指导,包括实验任务、原理、仪器使用方法、操作注意事项等内容的讲解,并检查学生预习情况,指导学生正确的实验操作方法,解答学生在实验中出现的问题,处理实验故障,检查实验结果,批改实验报告,在期末考核学生的实验能力及评定成绩。强电实验每班有 2 名指导教师,协同与分工指导、检查学生的实验接线,负责实验中的安全用电监督。

良好的实验操作方法与正确的操作程序是实验顺利进行的有效保证。每次的电路实验课,学生应提前预习实验内容、熟悉设备,撰写预习报告,并提交上一次实验报告。图 2 为常规实验的操作过程,其详细说明见下文的电路实验的基本要求。

### 3) 成绩评定方法

"电路实验与实践"由两门学时、学分独立的课程组成,即"电工电子实践"和"电路实

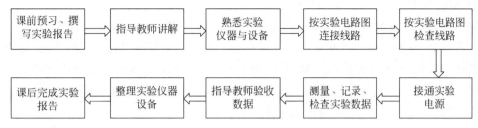

图 2　电路实验操作过程

验"。"电工电子实践"的评分标准根据具体实训项目而定,"电路实验"成绩评定的方法如表 1 所列。

表 1　"电路实验"成绩评定方法

| 占总成绩比例项/% | 说　　明 | 平时实验与考试内容 | 每项内容比例/% |
|---|---|---|---|
| 平时成绩 60 | 每个实验单独计算成绩,不同实验计分比例有调整 | 实验预习 | 30 |
| | | 实验操作 | 30 |
| | | 实验报告 | 40 |
| 考试成绩 40 | 由实验理论考试与实验操作考试共同构成 | 实验理论考试 | 30 |
| | | 实验操作考试 | 70 |

### 3. 电路实验的基本要求

一个电路实验,从相关知识的预习开始,经过实验电路的连接、实验现象的观察,到实验数据的测量与记录、数据处理,以及实验过程中异常现象与故障的排除,直至撰写完整的实验报告,每个环节都会直接影响实验效果。因此,电路实验应按以下要求做好相关阶段的工作。

1) 预习要求

实验课前的预习准备是关系到实验能否顺利进行和收到预期效果的重要前提,否则可能事倍功半,甚至会损坏实验仪器、设备或发生人身安全事故。因此,在实验开始前,教师应对学生的预习情况进行检查,不了解实验内容和无预习报告者不能参加实验。

预习的主要要求如下。

(1) 根据每个实验项目的预习要求,学生必须在实验课前认真预习相关内容。

(2) 认真阅读对应实验项目的内容,了解实验内容和目的,明确实验任务与实验条件。

(3) 查阅理论教材、实验指导书或通过其他途径查阅相关资料,掌握与实验相关的理论知识,理解电路原理。

(4) 查阅并理解第 2 章相关内容,了解与本次实验相关的实验仪器仪表的使用方法。

(5) 了解实验方法、实验步骤与注意事项,熟悉实验接线图。

(6) 根据实验任务,拟定实验数据记录表格。

(7) 认真撰写预习报告,并回答预习要求中所列出的习题与思考题。

**注意**：预习报告是实验报告的一部分,预习报告需要撰写的详细内容参见下文的实验报告要求。

2) 实验要求

实验过程中首先要严格遵守电路实验室的相关操作规程与安全用电守则；然后在预习报告的基础上，按照实验任务有条不紊地进行实验操作。实验操作包括：熟悉、检查待使用的元器件与仪器设备，连接实验线路，实验测试与数据记录以及实验后的仪器设备整理等工作程序。

(1) 熟悉、检查待使用的元器件与仪器设备

首先，实验元器件与仪器设备不同于理想元器件与仪器设备，同一种性质(类型)的元器件或者仪器设备会因型号和用途的不同，在外观上存在一定差异，在标称值和精度等特性方面也有很大差别；其次，实验元器件与仪器设备在实验室是反复使用的，在每次使用过程中会有磨损，甚至会有意外的损坏。因此，在实验前必须熟悉它们的功能、基本原理和操作方法，并简单检查实验元器件与仪器设备的工作状态、磨损情况，然后在实验过程中正确选用。

(2) 连接实验线路

连接实验线路是实验过程中的关键工作，应该养成良好的操作习惯，并逐步积累实践经验，不断提高实验操作水平。连接实验线路时需要做好以下三方面的工作：

① 合理摆放实验对象。实验用电源、负载、测量仪器等设备摆放应遵循的原则是：实验设备摆放后，要使电路布局合理、连线简单(连接线短且用量少)，便于进行调整和读取数据等操作，仪器设备的位置与间距及跨接线长短应对实验结果的影响尽量小；对于信号频率较高的实验电路，还应注意干扰与屏蔽等问题。

② 有序连接线路。连接线路的顺序应视电路的复杂程度和个人技术的熟练程度而定。一般来说，应按电路图一一对应接线。对于复杂的实验电路，通常是先连接最外面的串联回路，然后连接并联支路(先串联后并联)；先连接主回路，后连接其他回路；先连接各个局部，后连接成一个整体。在连接主回路时，应从电源的一端(正极或相线)开始，依次连接各元件，最后连接到电源的另一端，即形成回路。连线的同时要考虑元件、仪器仪表的极性、参考方向、公共参考点与电路图的对应关系。

目前，我校的电路实验室使用的是一定规格的实验板与实验台，利用板块上的插孔就可以直接连接实验电路，不需要剥导线、焊线，这给连接线路带来了便捷，但也容易因接线不当、导线插头接触不良而发生故障。为此，应注意以下几点：

① 使用实验板与实验台接插电路之前，要细心检查待插元件、器件的外形，看是否有引脚脱落、断裂、互碰等现象，如果有，应先进行处理再实验。

② 巧用颜色导线。导线在使用之前可以简单检查其外观，是否有绝缘皮脱落、金属丝外露甚至断裂现象，如果有，应对导线进行绝缘处理或者更换。为了便于查错，接线时可用不同颜色的导线来区分，例如：电源"＋"极或(交流)"相"端用红色导线，电源"－"极或"中性"端用黑色导线，"地"用绿色导线。连接导线的插孔或接线柱要拧紧，防止接触不良或脱落。

③ 注意地端连接。电路的公共地端和各种仪器设备的接地端应接在一起，既可作为电路的参考零点，又可避免引起干扰。在测量时，要特别注意防止仪器和设备之间的"共地"导致被测电路或局部短路。

④ 仔细检查连线。对照电路图，从左到右或从电路图上有明显标志处(如电源的"＋"

端或"相"端)开始,以每一节点上的连线数量为依据,检查实验线路对应的导线数,不能漏掉图中任何一根连线。图物对照,以图校物。特别强调的是,针对强电(36 V 以上)的实验电路,连接好线路以后一定要先自查,然后经指导教师复查无误后,方可接通实验电源进行实验。

(3) 实验测试与数据记录

实验测试阶段需要记录的是实验的原始数据,记录时要做到准确、有效数字完整、不要遗忘单位。具体操作中要注意:

① 接通电源以后,先进行一次"粗测",观察实验数据的变化及分布规律与预习时所预测的数据是否一致。根据具体情况做必要的调整,然后进行正式的实验操作和数据记录工作。

② 测量、读取数据时,读数姿势要正确,思想要集中,防止误读。对于指针式仪表,应看清楚指示的刻度,使针、影重叠成一条线;将数据记录在事先拟定的数据记录表格中。测量数据量的多少要注意根据数据变化的快慢而定,在变化较快或剧烈处应多取一些测量点进行测量,以保证数据能够全面记录实验的变化规律。有效数字的读取应根据实验数据的数量级与仪表的量程、表盘的等级等实际情况综合考虑。

③ 记录数据时,应同时记录测量该数据时所用的仪器的量程和精度。对于多次实验中测量的原始数据,应一一记录,不要当场取舍,以利于实验后的分析。

④ 测试完毕,应认真检查实验数据有无遗漏或不合理的情况,在保证所记录的数据合理、可信后,断开实验电源,数据记录表经指导教师检查并签字验收。

(4) 实验后的仪器设备整理

在指导教师签字验收实验数据后,拆除实验电路,将所用仪器设备复归原位,导线整理后放入实验桌抽屉,清理实验桌面,方可离开实验室。

(5) 安全问题

实验的安全问题是学生在实验操作过程中必须密切注意的事项。安全包括人身安全与设备安全。在实验过程中,要有周密的计划、正确的操作,对设备和实验要有深刻的理解,要有严肃认真的实验作风,以提高实验的安全性。具体注意事项如下:

① 在接通电源前,要检查线路连接是否正确,保证"源"特别是带有功率输出功能的信号源的输出幅值调为零。

② 接通电源后,逐渐增大输入电压或电流的幅值,同时注意观察各仪表的显示是否正常、量程是否合适,负载的工作状况是否正常,电路有无异常现象,如:异响、冒烟、异味等。如有异常情况,应立即切断电源并保护现场,仔细检查、分析事故发生的原因。

③ 实验结束时,首先必须切断实验电路电源,然后进行拆线、仪器整理等工作。注意,严禁带电操作!实验操作中需要拆除或改接线路时,必须先切断电源,再进行拆线、改接操作。

(6) 实验故障分析及排除

实验过程中出现故障是非常常见的。分析和排除故障是培养学生综合分析问题的能力的一个重要方面。实验过程中遇到故障时,不要轻易拆除线路并重新安装,而是应该运用所学知识,认真观察故障现象,仔细分析故障原因,最后找到故障部位并加以排除。故障的检查方法通常有以下 5 种:

① 断电检查法。它是指当实验过程中接错线,造成电源或负载短路或严重过载,特别是发现实验电路或设备有异常现象(如有声响、冒烟、有焦糊味以及发烫等),将导致故障进一步恶化时,应立即断开电源进行检查的方法。处理方法如下:

a. 对照原理图,对实验电路的每个元器件及连线逐一进行外部(直观)检查,观察元器件的外观有无断裂、变形、焦痕和损坏,引脚有无错接、漏接或短接;观察仪器仪表的摆放、量程选择、读数方式是否正确。

b. 使用数字万用表的"⏻"(蜂鸣器)挡,检查各支路是否连通、元器件是否良好。若万用表的蜂鸣器有响声,则表示线路导通;若指示为"1"且无声响,表示线路断开。也可以通过万用表的电阻挡测量元器件的阻值大小来判断电路的连接情况。电容、电感(包括电动机和变压器)元件可用电桥测量;对于集成电路,则需要用专用仪器测试,或用同型号规格、好的芯片替换来判断。

② 通电检查法。它是使用测试仪器检测电路参数来判断故障部位的在线检查方法。一般是先直观检查,再进行参数测试。

a. 直观检查法。它是电路在通电状况下对其工作状况进行直接观察检查的方法,包括听各种声音、看显示数值、查运行状态、摸元件外表温度、嗅现场气味等,通过检查这些外部现象来判断电路是否正常。有时还要配合不同操作动作,使呈现的现象更明显。

b. 参数测试法。最常见的是利用万用表进行电压测量,主要检查电源输出端到电路输入端的主要节点有无电压,电子类仪器仪表的工作电压是否正常,各支路输入输出信号是否正常,各元器件和仪器的电压是否符合给定值等。对于动态参数,需要借助示波器观察波形及可能存在的干扰信号,有利于故障分析。

③ 替换法。当故障比较隐蔽时,在对电路进行原理分析的基础上,对怀疑有问题的部分用正常的模块或元器件来替换,如果故障现象消失了,电路能够正常工作,则说明故障出现在被替换下来的部分,这样可缩小故障范围,便于进一步查找故障原因和部位。

④ 断路法。在实验电路中通过断开某部分电路,可以起到缩小故障范围的作用。例如直流稳压电源接入一个带有局部短路故障的电路,其输出电流明显过大。若断开该电路中的某支路后恢复了正常,说明故障出在该支路,进一步查找即可发现故障部位。

此外,目前有不少仿真软件(如 Multisim)能够用于设置各种故障源,可以为实验人员借助软件仿真来重现故障现象、了解故障产生的原因及后果、直观认识故障现场提供安全、无损和便捷的工具。因此,我们还应该掌握、利用仿真工具,以达到事半功倍的效果。

3) 实验报告要求

每个实验结束后都必须撰写实验报告。实验报告每人撰写一份,目的是培养学生对实验结果的处理和分析能力、文字表达能力以及严谨的科学作风。

撰写实验报告一般分为两个阶段:第一阶段,在实验前一周完成,即实验前的预习报告(下列(1)~(4)项内容);第二阶段,在实验结束后,在预习报告上补充完整(下列(5)~(8)项内容),形成合格的实验报告。一份完整的实验报告应该包括:实验目的、实验仪器设备、实验原理、实验内容及步骤,以及实验数据记录及结果整理,对实验现象及结果的分析讨论,实验的总结、收获、体会和建议,还有实验思考题。实验报告应采用统一的实验报告纸,按如下顺序撰写:

(1) 实验目的。

(2) 实验仪器设备。实验过程中所使用仪表的名称与型号、元器件的规格。

(3) 实验原理。简述实验原理,给出电路原理图。

(4) 实验内容及步骤。实验步骤可按实验指导书上的步骤编写,也可根据实验原理自行总结,但必须按照实际操作详细、如实编写。其内容应包括:

① 简述实验步骤。

② 各步骤的实验接线图。

③ 列出各步骤的测量数据记录表格,每项数据应有理论计算值与实测值两项。理论计算值在实验预习阶段完成,以便在实验测量时与实测值进行比较。

> 预习时完成

(5) 实验数据记录及结果整理。根据实验原始数据记录和实验数据处理要求,整理实验数据。表中各项数据如果是直接测量得到,要注意有效数字的表示;如果是计算所得,必须列出所用公式,并以一组数据为例进行计算,其他组数据可直接填入表格。如需绘制曲线图,要按图示法的要求选择合适的坐标和刻度绘图。

(6) 实验现象及结果的分析讨论。根据实验过程与实验结果如实分析,内容应包括:

① 对实验过程中发现的问题(包括错误操作、出现的故障),要说明现象、查找原因的过程和解决问题的措施,并总结在处理问题的过程中的经验与教训。

② 对实验结果进行分析,并与预习报告进行对比,检查实验任务的完成情况,是否达成了实验目的,是否按照设计步骤进行实验。

③ 将实验进程与理论分析进行比照,看是否验证了经验性的调试方法、公式的计算结果、技术指标的数据;是否体验到理论与实验的异同之处。

(7) 实验的总结、收获、体会或建议。

(8) 回答实验思考题。

> 实验后完成

4) 实验考试

在完成所有实验任务后,还要参加实验考试,即在规定的时间内完成规定的实验任务。实验操作考试采用实验理论与实验操作相结合的考核方式。

实验理论考试:考核的内容包括本课程所有实验涉及的相关电路理论知识、电路实验操作常识以及实验过程中使用的仪器设备的使用方法与注意事项。

实验操作考试:考核的内容为一项具体的实验项目,给出实验内容、要求、电路参数,由学生独立完成实验操作、数据记录、数据处理。考查学生对仪器设备的熟练使用能力、实验操作的动手能力以及实验数据的处理与整理能力。

## 4. 电路实验室安全用电须知

人体是导电体,当人体不慎触及电源或带电导体时,电流将通过人体,使人体带电,一旦有较强电流通过人体,将引起其组织、大脑或心脏等产生功能障碍,这就是触电。为了防止在电路实验过程中发生触电事故,要求每位学生在实验前都参加实验室组织的安全用电教育培训,熟悉安全用电常识,并在实验过程中严格遵守电路实验室安全用电规则。因此,每位参与电路实验的学生在实验开始前务必仔细阅读本节内容,完成安全用电常识自测题,并在本节末尾处签名。**没有接受安全用电教育和未在此规定上签字者,不得参加电路实验!**

1) 电路实验室操作规程

(1) 实验前,了解相关仪器设备的性能规格和使用方法,熟悉用电安全规定,提交预习报告。**没有预习报告者,不得参加实验**。

(2) 学生进入实验室进行实验操作时,必须穿橡胶类等绝缘性能好的鞋,并保持干燥状态;进入实验室后,首先应检查实验台上设备的外观情况,包括导线绝缘情况,清点设备和耗材数量,发现问题应及时报告。

(3) 在实验过程中,禁止擅自合上电源闸刀或私自动用与实验无关的设备,不得私自调换座位或设备,应保持手机处于静音或关机状态,保持实验室整洁和良好的秩序。

(4) 在实验过程中,连接线路时,严格遵守"**先接线后通电,先断电后拆线**"的操作程序。不允许将连接电源的导线一端空置,以免发生触碰导致电源短路、烧坏仪器或人体触电。线路连接好后,多余或暂时不用的导线都要移开或收好。

(5) 特别注意:进行 36 V 以上电压的强电实验或其他具有危险性的实验时,学生不得单人在实验室内进行操作,并且在连接好线路后,必须先自查,再由教师复查,确认无误后方才通电实验。

(6) 电源接通后,应遵守"**单手操作**"规范,严禁人体接触电源或带电体,禁止双手带电操作。实验中如发生漏电、触电、短路等危害情况,必须立即切断电源,向指导教师报告。

(7) 完成实验内容后,应首先断开实验台电源,检查实验数据是否记录完整,将实验数据交给指导教师检查并签字确认。**注意**:没有教师签字的实验数据视为当次实验无效。

(8) 实验结束时,应检查仪器设备以及电源开关是否已处于断电状态;拆除实验电路,归还实验器材,整理好实验仪器与导线。

2) 安全用电知识简述

(1) 电击和电伤。人体触电时,电流对人体的伤害分为电击和电伤两种。电击是电流通过人体,给人体的内部组织造成的病理性伤害。当电流通过人体内部时,将影响呼吸、心脏和神经系统的功能,造成人体内部组织的破坏,如不及时急救,就会使人死亡。电伤是指电流的热效应、化学效应或机械效应对人体外部造成的局部伤害,包括灼伤、电烙印和皮肤金属化。

(2) 不同大小的电流对人体的作用(见表2)。

表 2　不同大小的电流对人体的作用

| 通过人体的电流 | 人体的感觉与作用 |
| --- | --- |
| <0.7 mA | 人体无感觉 |
| 1 mA | 人体有轻微感觉 |
| 1～3 mA | 有刺激感,医用电疗仪器一般取此电流 |
| 3～10 mA | 感到痛苦,但可自行摆脱 |
| 10～30 mA | 引起肌肉痉挛,短时间无危险,长时间有危险 |
| 30～50 mA | 强烈痉挛,时间超过 60 s 即有生命危险 |
| 50～250 mA | 产生心脏室性纤颤,丧失知觉,严重时危及生命 |
| >250 mA | 短时间内(1 s 以上)造成心脏骤停,体内产生电灼伤 |

(3) 触电急救遵循的原则是"迅速、就地、准确、坚持"。

(4) 漏电保护装置也叫漏电开关,用于防止由电气设备漏电引起的接地短路事故或人体触电事故。当电气设备绝缘损坏而漏电,使设备的外壳带电或者发生人体触电时,漏电开关可以立即动作,切断电源,消除设备外壳或人体上的对地电压。

(5) 各种电气设备,尤其是移动式电气设备,应建立经常性与定期的检查制度,如发现故障或与有关规定不符,应及时处理。

(6) 使用各种电气设备时,应严格遵守操作制度,不得将三脚插头擅自改为二脚插头,更不得将线头直接插入插座内用电。

(7) 带金属外壳的电器的外接电源插头一般都用三脚插头,其中有一脚为接地线,一定要注意辨别并使之可靠接地。如果借用自来水管作接地体,则必须保证自来水管与地下管道有良好的电气连接,中间不能有塑料等不导电的接头。绝对不能利用煤气管道作为接地体使用。另外,还须注意电器插头的相线、零线应与插座中的相线、零线对应一致。插座的接法规定为:面对插座看,上面接地线(⏚),左边接零线(N),右边接相线(L)。

(8) 在低压线路或用电设备上做检修和安装工作时,应随身携带低压测电笔,分清火线、零线;断开导线时,应先断火线后断零线,搭接导线时的顺序与之相反。人体不得同时接触两条导线的线头。

(9) 开关、熔断线、电线、插座等损坏应及时修复。平时不要随便触摸这些器件。在移动电气设备时,先切断电源再拔出插头。开关必须装在火线上。

3) 安全用电知识自测题

(1) 触电急救的错误方法是(    )。

    A. 迅速切断电源   B. 打强心针        C. 进行人工呼吸

(2) 照明灯开关应接到灯的(    )。

    A. 相线(火线)    B. 工作零线

(3) 有人为了安全,将家用电器的外壳接到自来水管或暖气管上,试问这样能否保证安全(    )。

    A. 能          B. 不能

(4) 采用金属外壳的电器的电源线插头应采用(    )插头。

    A. 二脚        B. 三脚

(5) 若遇电气设备冒烟起火,下列不能用来灭火的是(    )。

    A. 沙土        B. 二氧化碳     C. 四氯化碳     D. 水

(6) 在实验过程中拆线、改接线路的顺序是(    )。

    A. 直接改      B. 先断电,再拆线、改接线路

(7) 在实验过程中,以下属于异常现象、需要立即切断电源的是(    )(多选)。

    A. 测量仪表指针满偏或反偏

    B. 负载或者电源有异响,甚至冒烟

    C. 实验电路中某器件或设备发热或发出焦糊的异味

    D. 实验设备、元器件在通电后急剧发热

本人已认真阅读并理解《电路实验室安全用电规则》,正确回答自测题,并将在实验中严格遵守操作规程。

学生姓名:_____    学号:_____    日期:_____

# 第 1 章 常用电子元器件基础知识

电子电路都是由各类电子元器件和其他有关部件组成的。常用的元器件有电阻器、电容器、电感器和各种半导体器件(如二极管、三极管、集成电路等)。为了能正确地选择和使用这些元器件,就必须掌握它们的性能、结构与主要参数指标等相关知识。

## 1.1 电阻器、电容器和电感器

### 1.1.1 常用电阻器

**1. 电阻器的分类**

电阻器是电路元件中应用最广泛的一种,在电子设备中占元件总数的 30% 以上,其质量对电路工作的稳定性有极大影响。它的主要用途是稳定和调节电路中的电流和电压,其次还作为分流器、分压器和负载使用。

电阻器按结构可分为固定式和可变式两大类。固定式电阻器一般简称电阻,常用电阻的外形及符号如图 1.1.1 所示。根据制作材料和工艺不同,电阻可分为膜式电阻、实心电阻、金属线绕电阻(RX)、特殊电阻四种类型。

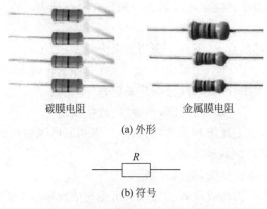

图 1.1.1 常用电阻的外形与符号

可变式电阻器分为滑线式变阻器和电位器,其中应用最广泛的是电位器。电位器是一种具有三个接头的可变电阻器,其阻值在一定范围内连续可调。常用电位器的外形及符号如图 1.1.2 所示。电位器按电阻材料分为薄膜和线绕两种。(国产型号的)薄膜电位器又可分为 WTX 型小型碳膜电位器、WTH 型合成碳膜电位器、WS 型有机实心电位器、WHJ 型精密合成膜电位器和 WHD 型多圈合成膜电位器等。线绕电位器的代号为 WX。一般来说,线绕电位器的误差不大于±10%,非线绕电位器的误差不大于±2%。其阻值、误差和型号均标在电位器上。

(a) 外形 　　　　　　　　　　　　　　　　(b) 符号

图 1.1.2　常用电位器的外形及符号

## 2. 电阻器的型号命名规则

电阻器的型号命名由三部分或四部分组成,其主要含义如表 1.1.1 所示。

表 1.1.1　电阻器的型号命名法

| 第一部分 | | 第二部分 | | 第三部分 | | 第四部分 |
|---|---|---|---|---|---|---|
| 用字母表示主称 | | 用字母表示材料 | | 用数字或字母表示特征 | | 用数字表示序号 |
| 符号 | 意义 | 符号 | 意义 | 符号 | 意义 | |
| R | 电阻器 | T | 碳膜 | 1,2 | 普通 | 包括: |
| RP | 电位器 | P | 硼碳膜 | 3 | 超高频 | 额定功率 |
| | | U | 硅碳膜 | 4 | 高阻 | 阻值 |
| | | C | 沉积膜 | 5 | 高温 | 允许误差 |
| | | H | 合成膜 | 7 | 精密 | 精度等级 |
| | | I | 玻璃釉膜 | 8 | 电阻器—高压 | |
| | | J | 金属膜(箔) | | 电位器—特殊函数 | |
| | | Y | 氧化膜 | 9 | 特殊 | |
| | | S | 有机实心 | G | 高功率 | |
| | | N | 无机实心 | T | 可调 | |
| | | X | 线绕 | X | 小型 | |
| | | R | 热敏 | L | 测量用 | |
| | | G | 光敏 | W | 微调 | |
| | | M | 压敏 | D | 多圈 | |

例如,RJ71-0.25-10kI 型电阻器的型号的含义如下:

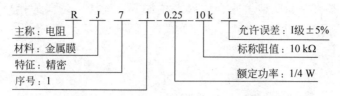

由此可见,这是金属膜精密电阻器,其额定功率为 1/4 W,标称电阻值为 10 kΩ,允许误差为±5%。

### 3. 电阻器的主要参数指标

电阻器的主要参数指标包括:额定功率、标称阻值、允许误差(精度等级)、温度系数、噪声、最高工作电压、高频特性等。在选用电阻器时,一般只考虑额定功率、标称阻值和允许误差这三项最主要的参数即可,其他参数在有特殊需要时才考虑。

1) 额定功率

电阻器的额定功率是在规定的环境温度和湿度下,假定周围空气不流通,在长期连续使用负载而不损坏或基本不改变性能的情况下,电阻器上允许消耗的最大功率。当超过额定功率时,电阻器的阻值将发生变化,甚至发热烧毁。为保证安全使用,一般选用的额定功率比它在电路中消耗的功率高 1~2 倍。

额定功率分 19 个等级,常用的有 1/8 W、1/4 W、1/2 W、1 W、2 W、4 W…。在电路图中,非绕线电阻器额定功率的符号表示法如图 1.1.3 所示。实际中应用较多的有 1/8 W、1/4 W、1/2 W、1 W、2 W。线绕电位器应用较多的有 2 W、3 W、5 W、10 W。

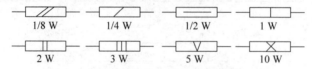

图 1.1.3 非绕线电阻器额定功率的符号表示法

2) 标称阻值

标称阻值是产品标志的"名义"阻值,其单位为欧[姆](Ω),千欧(kΩ),兆欧(MΩ)。标称阻值系列如表 1.1.2 所示。

任何固定电阻器的阻值都应符合表 1.1.2 所列数值乘以 $10^n$ Ω,其中 $n$ 为整数。

表 1.1.2 标称阻值

| 系列代号 | 允许误差 | 标称阻值系列 |
| --- | --- | --- |
| E6 | ±20% | 1.0,1.5,2.2,3.3,4.7,6.8 |
| E12 | ±10% | 1.0,1.2,1.5,1.8,2.2,2.7,3.3,3.9,4.7,5.6,6.8,8.2 |
| E24 | ±5% | 1.0,1.1,1.2,1.3,1.5,1.6,1.8,2.0,2.2,2.4,2.7,3.0,3.3,…,9.1 |

3) 允许误差

允许误差是指电阻器和电位器实际阻值对于标称阻值的最大允许偏差范围。它表示产品的精度。允许误差等级如表 1.1.3 所示。线绕电位器的允许误差一般小于±10%,非线绕电位器的允许误差一般小于±20%。

表 1.1.3  允许误差等级

| 级别 | 005 | 01 | 02 | Ⅰ | Ⅱ | Ⅲ |
| --- | --- | --- | --- | --- | --- | --- |
| 允许误差 | ±0.5% | ±1% | ±2% | ±5% | ±10% | ±20% |

电阻器的阻值和误差一般都用数字标印在电阻器上;由于体积较小,薄膜类电阻器的阻值和误差常用色环来表示,即用不同颜色的色环在电阻器的表面标示出其最主要的参数。

色环电阻器有三环、四环、五环三种标法。三环色标电阻器只表示标称电阻值(允许误差均为±20%)。四环色标电阻器表示标称电阻值(两位有效数字)和允许误差。五环色标电阻器表示标称电阻值(三位有效数字)和允许误差。

电阻器色环表示的含义如图 1.1.4 所示,靠近电阻引线端较粗的色环表示允许误差(以棕色、红色或金色为常见)。例如:某四环电阻器的色环为红、紫、绿、金,前三位分别对应数字 2、7、5,则此电阻器的标称阻值为 $27\times10^5\ \Omega=2.7\ \mathrm{M}\Omega$,金色表示允许误差为±5%。某五环电阻器的色环为蓝、紫、绿、黄、棕,则此电阻器的标称阻值为 $675\times10^4\ \Omega=6.75\ \mathrm{M}\Omega$,允许误差为±1%。

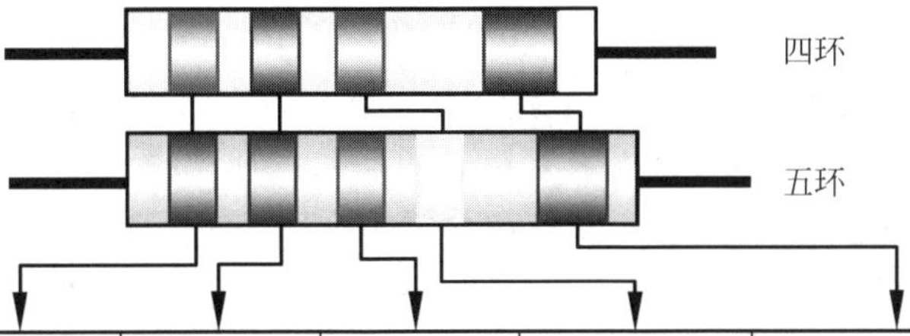

| 颜色 | Ⅰ | Ⅱ | Ⅲ | 倍率 | 允许误差 |
| --- | --- | --- | --- | --- | --- |
| 黑 | 0 | 0 | 0 | $10^0$ | |
| 棕 | 1 | 1 | 1 | $10^1$ | ±1% |
| 红 | 2 | 2 | 2 | $10^2$ | ±2% |
| 橙 | 3 | 3 | 3 | $10^3$ | |
| 黄 | 4 | 4 | 4 | $10^4$ | |
| 绿 | 5 | 5 | 5 | $10^5$ | ±0.5% |
| 蓝 | 6 | 6 | 6 | | ±0.25% |
| 紫 | 7 | 7 | 7 | | ±0.1% |
| 灰 | 8 | 8 | 8 | | |
| 白 | 9 | 9 | 9 | | |
| 金 | | | | $10^{-1}$ | ±5% |
| 银 | | | | $10^{-2}$ | ±10% |

图 1.1.4  电阻器色环表示的含义

在读取色环电阻的阻值时,应注意以下几点。

(1) 熟记图 1.1.4 中色环与数值的对应关系。

(2) 找出色环电阻的第一环,即连续排列且靠近引出端最近的色环为第一环。四环色环电阻多以金、银作为误差环,五环色环电阻多以棕色或红色作为误差环。

(3) 色环电阻标记不清或个人辨色能力差时,只能用万用表测量。

数码法是用三位数码表示电阻的标称值。数码从左到右,前两位为有效值,第三位表示零的个数,即在前两位有效值后所加零的个数,单位为"Ω"。例如:152 表示在 15 后面加 2 个"0",即 1500 Ω=1.5 kΩ。此种方法在贴片电阻中使用较多。

4) 最高工作电压

最高工作电压是由电阻器、电位器的最大电流密度、电阻体被击穿及其结构等因素所确定的工作电压限度。对阻值较大的电阻器,当工作电压过高时,虽然功率不超过规定值,但内部会发生电弧火花放电,导致电阻变质损坏。1/8 W 碳膜电阻器和金属膜电阻器的最高工作电压一般分别不能超过 150 V 和 200 V。

#### 4. 电阻器的测试方法

测量电阻的方法很多,可用欧姆表、电桥和数字欧姆表直接测量,也可根据欧姆定律 $R=\dfrac{U}{I}$,通过测量流过电阻的电流 $I$ 及电阻上的压降 $U$ 来间接测量电阻值。

当测量精度要求较高时,可采用电桥来测量电阻。常用直流电桥有单臂电桥(惠斯通电桥)和双臂电桥(开尔文电桥)两种,这里不作详细介绍。

当测量精度要求不高时,可直接用万用表欧姆挡测量电阻。现以 MF-47 型万用表为例,介绍测量电阻的方法。首先将万用表的功能选择挡位开关置于 Ω 挡,量程开关拨至合适挡。将两根测试笔短接,表头指针应在零刻度线处;若不指在零刻度线处,则要调节"Ω"旋钮(零欧姆调整电位器)使之回零。调回零后即可把被测电阻接于两根测试笔之间,此时表头指针偏转,待指针稳定后可从刻度线上直接读出所示数值,再乘以所选择的量程,即可得到被测电阻的阻值。当更换量程测量时,必须再次短接测试笔,重新调零。每换一次量程挡,都必须调零一次。

特别要指出的是:测大阻值电阻时不能用手捏着电阻引线,以免人体电阻与被测电阻并联,导致测量结果不准;测小阻值电阻时要将引线处理干净,保证表笔与电阻引线接触良好。

#### 5. 电阻器使用常识

(1) 根据电子设备的技术指标和电路的具体要求,合理选用电阻的型号和允许误差等级。

(2) 设计电路时,要考虑电阻器所承受的功率是否合适,防止其受热损坏,一般要求额定功率要比其在电路中承受的功率大 1.5~2 倍。

(3) 电阻装配前应进行识别或测量并核对,尤其是在装配精密电子仪器设备时,还须经人工老化处理,以提高稳定性。

(4) 在装配电子仪器时,若选用非色环电阻,则应将电阻标称值标志朝上,且尽量使所有电阻行列的标志方向一致,以便于观察。

(5) 焊接电阻时,烙铁停留时间不宜过长。

(6) 电阻器的种类繁多,性能各不相同,应用范围有很大区别。在耐热性、稳定性、可靠性要求较高的电路中,应选用金属膜或金属氧化膜电阻;在要求功率大、耐热性好,工作频率不高的电路中,可选用线绕电阻器。

(7) 电路中的阻值不满足实际需要时,可采用串、并联的方法。电阻串联或者并联时,应考虑其额定功率。阻值相同的电阻串联或并联,额定功率等于各个电阻额定功率之和。阻值不同的电阻串联时,额定功率取决于高阻值电阻;并联时,取决于低阻值电阻,且需经计算方可应用。

### 1.1.2 常用电容器

#### 1. 电容器的分类

电容器是电子电路中常用的元件,它是由两个金属电极、中间夹一层电介质构成。电容器是储能元件。电容器在电路中具有隔断直流、通过交流的特性,通常可完成滤波、旁路、级间耦合以及与电阻或电感组成振荡回路等功能。电容器的种类按如下两种情况分类。

(1) 按其结构可分为以下三种。

① 固定电容器:电容量是固定不可调的。图 1.1.5 所示为几种固定电容器的外形和符号。

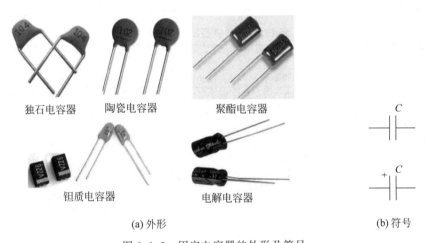

图 1.1.5　固定电容器的外形及符号

② 半可变电容器(微调电容器):电容器容量可在小范围内变化,其可变容量一般为几皮法至几十皮法,最高达 100 pF(以陶瓷为介质时),适用于整机调整后电容量不需要经常改变的场合。常以空气、云母或陶瓷作为介质。其外形及符号如图 1.1.6 所示。

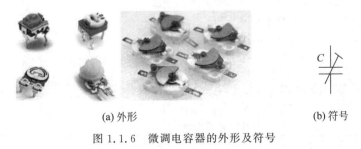

图 1.1.6　微调电容器的外形及符号

③ 可变电容器：电容器容量可在一定范围内连续变化。常有单联和双联之分，它们由若干相同的金属片拼接成一组定片和一组动片，其外形及符号如图 1.1.7 所示。动片可以通过转轴转动，以改变动片插入定片的面积，从而改变电容量。一般以空气作介质，也有用有机薄膜作介质的，但后者的温度系数较大。

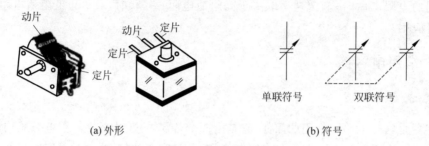

(a) 外形　　　　　　　　　　(b) 符号

图 1.1.7　可变电容器的外形及符号

(2) 按电介质材料可分为云母电容器、瓷介电容器、玻璃釉电容器、电解电容器等。

## 2. 电容器的型号命名法

电容器的型号命名法由四部分组成，各部分含义如表 1.1.4 所示。

表 1.1.4　电容器型号命名规则

| 第一部分 | | 第二部分 | | 第三部分 | | 第四部分 |
|---|---|---|---|---|---|---|
| 用字母表示主称 | | 用字母表示材料 | | 用字母表示特征 | | 用字母或数字表示序号 |
| 符号 | 意义 | 符号 | 意义 | 符号 | 意义 | |
| C | 电容器 | C | 瓷介 | T | 铁电 | 表示电容的外形尺寸及性能指标 |
| | | I | 玻璃釉 | W | 微调 | |
| | | O | 玻璃膜 | J | 金属化 | |
| | | Y | 云母 | X | 小型 | |
| | | V | 云母纸 | S | 独石 | |
| | | Z | 纸介 | D | 低压 | |
| | | J | 金属化纸介 | M | 密封 | |
| | | B | 聚苯乙烯 | Y | 高压 | |
| | | F | 聚四氟乙烯 | C | 穿心式 | |
| | | L | 涤纶（聚酯） | | | |
| | | S | 聚碳酸酯 | | | |
| | | Q | 漆膜 | | | |
| | | H | 纸膜复合 | | | |
| | | D | 铝电解 | | | |
| | | A | 钽电解 | | | |
| | | G | 金属电解 | | | |
| | | N | 铌电解 | | | |
| | | T | 钛电解 | | | |
| | | M | 压敏 | | | |
| | | E | 其他材料电解 | | | |

例如，CJX-250-0.33-±5%电容器型号的含义如下：

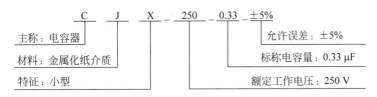

### 3. 电容器的主要性能指标

（1）标称电容量：标称电容量指标志在电容器上的"名义"电容量。常用单位有法(F)、微法($\mu$F)和皮法(pF)。它们三者的关系为：
$$1\text{pF} = 10^{-6}\ \mu\text{F} = 10^{-12}\ \text{F}$$

电容器一般直接标出其容量，但也有用数字来表示电容量的。例如，有的电容上只标出"105"三位数值，左起两位数字给出电容量的第一、第二位数字，而第三位数字则表示附加上零的个数，以"pF"为单位。因此，"105"表示的电容量大小为 $10 \times 10^5$ pF=1 $\mu$F。

（2）允许误差：允许误差是实际电容量对于标称电容量的最大允许偏差范围。固定电容器的允许误差分为 8 级，如表 1.1.5 所示。

（3）额定工作电压：额定工作电压是电容器在规定的工作温度范围内长期、可靠地工作所能承受的最大直流电压或最大交流电压的有效值或脉冲电压的峰值。常用固定电容器的直流工作电压系列为：6.3 V、10 V、16 V、25 V、40 V、63 V、100 V、250 V 和 400 V。

**表 1.1.5 允许误差等级**

| 级别 | 01 | 02 | Ⅰ | Ⅱ | Ⅲ | Ⅳ | Ⅴ | Ⅵ |
|---|---|---|---|---|---|---|---|---|
| 允许误差 | ±1% | ±2% | ±5% | ±10% | ±20% | 20%～−30% | 50%～−20% | 100%～−10% |

（4）绝缘电阻：由于电容两极之间的介质不是绝对的绝缘体，它的电阻不是无限大，而是一个有限的数值，电容两极之间的电阻叫作绝缘电阻，大小是加在电容上的直流电压与通过它的漏电流的比值。绝缘电阻越小，漏电越严重。电容漏电会引起能量损耗，这种损耗不仅影响电容的寿命，而且会影响电路的正常工作情况。因此，绝缘电阻越大越好。绝缘电阻一般应在 5000 M$\Omega$ 以上，优质电容器可达太欧（$10^{12}$ $\Omega$，T$\Omega$）级。

（5）介质损耗：理想的电容器应没有能量损耗，但实际上，电容器在电场的作用下总有一部分电能转换为热能，所损耗的能量称为电容器损耗，通常用损耗功率和电容器的无功功率之比，即损耗角的正切值表示：
$$\tan\delta = \frac{\text{损耗功率}}{\text{无功功率}}$$

在相同容量、相同工作条件下，损耗角越大，电容器的损耗也越大。损耗角大的电容不适于高频情况下工作。

### 4. 电容器的性能测试

通常采用指针式万用表的欧姆挡就可以简单地测试出电解电容器的优劣情况，粗略地辨别其漏电、容量衰减或失效的情况。具体方法是：选用"$R \times 1$k"或"$R \times 100$"挡，将黑表笔接电容器的正极,红表笔接电容器的负极。若表针摆动大且返回慢,返回位置接近"∞",说明该电容器正常,且电容量大;若表针摆动大,但返回时表针显示的 Ω 值较小,说明该电容漏电流较大;若表针摆动很大且接近于"0 Ω",且不返回,说明该电容器已被击穿;若表针不摆动,则说明该电容器已开路、失效。该方法也适用于辨别其他类型的电容器,但如果电容器容量较小,应选择万用表的"$R \times 1\ k$"挡测量。此外,如果需要对电容器再进行一次测量,必须将其放电后方能进行测量。

**5. 电容器使用常识**

(1) 电容器在装配前应进行测量,看其是否短路、断路或漏电严重,并在装入电路时,应使电容器的标志易于观察,且与其他电容标志方向一致。

(2) 电路中,电容器两端的电压不能超过电容器本身的额定工作电压。装配电解电容器时,一定要注意"＋""－"极,不能接反。

(3) 当现有电容器不满足电路要求的容量或耐压参数时,可以采用串联或并联的方法来满足电路要求。当两个额定工作电压不同的电容器并联时,并联后等效电容的耐压值取决于额定工作电压小的电容器;当两个电容量不同的电容器串联时,容量小的电容器所承受的电压高于容量大的电容器。

(4) 技术要求不同的电路应选用不同类型的电容器。例如,谐振回路中需要介质损耗小的电容器,应选用高频陶瓷电容器(CC 型);隔直、耦合电容可选用纸介、涤纶或电解介质的电容器;低频滤波电路一般选用电解电容器,旁路电容可选涤纶、纸介、陶瓷和电解电容器。

## 1.1.3 常用电感器

**1. 电感器的分类**

电感器是依据电磁感应原理制成的,一般由导线绕制而成,在电路中具有通直流电、阻止交流电通过的能力。它广泛应用于调谐、振荡、滤波、耦合、均衡、延迟、匹配、补偿等电路。

为了增加电感器的电感量 $L$、提高品质因数 $Q$ 和减小体积,通常会在线圈中加入软磁性材料的磁芯。根据电感器的电感量是否可调,电感器分为固定电感器、可调电感器和微调电感器。常用电感器的符号如图 1.1.8 所示。

(a) 空心电感线圈　(b) 带磁芯的可调电感线圈　(c) 带铜芯的可调电感线圈

(d) 带磁芯的电感线圈　　(e) 带磁芯的线圈

图 1.1.8　常用电感器的符号

可变电感器的电感量可利用磁芯在线圈内移动而在较大的范围内调节。它与固定电容器配合,可应用于谐振电路中起调谐作用。微调电感器可以满足整机调试的需要和补偿电感器生产中的分散性,一次调好后一般不再变动。

电感器按结构特点可分为单层线圈、多层线圈、蜂房线圈、带磁芯线圈、可变电感线圈以及低频扼流圈。各种电感线圈都具有不同的特点和用途,但它们一般都是用漆包线、纱包线、裸铜线绕在绝缘骨架上或铁芯上构成,而且每圈之间彼此绝缘。

**2. 电感器的主要参数指标**

(1) 电感量 $L$:电感量是指电感器通过变化电流时产生感应电动势的能力。电感量常用单位为亨(H)、毫亨(mH)、微亨($\mu$H),它们三者之间的关系为

$$1H = 10^3 \, mH = 10^6 \, \mu H$$

电感量的大小与线圈的匝数、直径、内部有无磁芯、绕制方式等有直接关系。

(2) 品质因数 $Q$:品质因数 $Q$ 反映电感器传输能量的本领。线圈的 $Q$ 值越高,传输能量的本领越大,即回路的损耗越小。一般要求 $Q$ 为 50~300。$Q$ 的计算式为

$$Q = \frac{\omega L}{R}$$

式中,$\omega$ 为工作角频率;$L$ 为线圈电感量;$R$ 为线圈电阻。

(3) 分布电容:线圈匝与匝之间、线圈与屏蔽罩之间、线圈与底板间存在电容,这一电容称为分布电容。分布电容的存在使线圈的 $Q$ 值下降,稳定性变差,因而线圈的分布电容越小越好。可采用分段绕法来减小分布电容。

(4) 额定电流:额定电流主要针对高频电感器和大功率调谐电感器而言。通过电感器的电流超过其额定值时,电感器将发热,严重时会烧坏。

**3. 电感器的性能测量**

通常采用指针式万用表的欧姆挡就可以简单地测试出电感器的优劣情况,粗略地辨别其好坏情况。具体方法是:选用"$R \times 1$"或"$R \times 10$"挡,测电感器的阻值,若为无穷大,表明电感器断开;如电阻很小,说明电感器正常。在电感量相同的多个电感器中,如果电阻值小,则表明 $Q$ 值高。

**4. 电感器线圈的使用常识**

(1) 使用线圈时,应注意不要随意改变线圈的形状、大小和线圈间的距离,否则会影响线圈原来的电感量。

(2) 线圈在装配时,要考虑相互间的位置和其他元件的位置以避免产生耦合而相互影响。

## 1.2 常用半导体器件

常用半导体分立器件的型号命名规则如表 1.2.1 所示。

表 1.2.1  半导体分立器件的型号命名规则

| 第一部分 | | 第二部分 | | 第三部分 | | | | 第四部分 | 第五部分 |
|---|---|---|---|---|---|---|---|---|---|
| 用数字表示器件的电极数目 | | 用字母表示器件的材料和极性 | | 用字母表示器件的类型 | | | | 用数字表示序号 | 用字母表示规格号 |
| 符号 | 意义 | 符号 | 意义 | 符号 | 意义 | 符号 | 意义 | 意义 | 意义 |
| 2 | 二极管 | A<br>B<br>C<br>D | N型,锗材料<br>P型,锗材料<br>N型,硅材料<br>P型,硅材料 | P<br>V<br>W<br>X<br>Z<br>L | 普通管<br>微波管<br>稳压管<br>参量管<br>整流器<br>整流堆 | D<br>A<br>Y<br>B<br>J<br>CS | 低频大功率管<br>高频大功率管<br>体效应器件<br>雪崩管<br>阶跃恢复管<br>场效应器件 | 反映了极限参数、直流参数和交流参数的差别 | 反映了承受反向击穿电压的程度。如规格号为A、B、C、D……其中A承受的反向击穿电压最低,B次之…… |
| 3 | 三极管 | A<br>B<br>C<br>D<br>E | PNP型,锗材料<br>NPN型,锗材料<br>PNP型,硅材料<br>NPN型,硅材料<br>化合物材料 | S<br>N<br>U<br>X<br>G | 隧道管<br>阻尼管<br>光电器件<br>低频小功率管<br>高频小功率管 | BT<br>FH<br>PIN<br>JG<br>T<br>FG | 半导体特殊器件<br>复合管<br>PIN 型管<br>激光器件<br>晶闸管器件<br>发光管 | | |

例如：

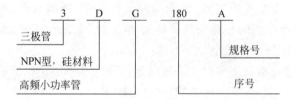

## 1.2.1  晶体二极管

**1. 晶体二极管的分类和图形符号**

晶体二极管又称为半导体二极管,简称二极管,是常用的半导体分立器件之一。二极管的内部构成本质上是一个 PN 结,P 端引出电极为正极,N 端引出电极为负极。其主要特性为单向导电性,广泛应用于整流、稳压、检波、变容、显示等电子电路中。

晶体二极管的种类很多,其分类如下：

(1) 按材料分类：锗材料二极管、硅材料二极管。

(2) 按结构分类：点接触型二极管、面接触型二极管。

(3) 按用途分类：检波二极管、整流二极管、高压整流二极管、硅堆二极管、稳压二极管、开关二极管。

(4) 按封装分类：玻璃外壳二极管(小型用)、金属外壳二极管(大型用)、塑料外壳二极管、环氧树脂外壳二极管。

(5) 按用途分类：发光二极管、光电二极管、变容二极管、磁敏二极管、隧道二极管。

常用类型二极管所对应的电路图形符号如图 1.2.1 所示。

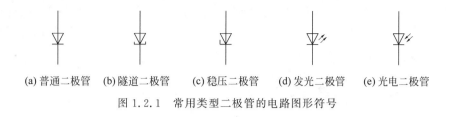

(a) 普通二极管　(b) 隧道二极管　(c) 稳压二极管　(d) 发光二极管　(e) 光电二极管

图 1.2.1　常用类型二极管的电路图形符号

### 2. 晶体二极管的主要参数指标

不同类型晶体二极管所对应的主要特性参数有所不同,具有普遍意义的特性参数有以下几个。

1) 额定正向工作电流

额定正向工作电流是指二极管长期连续工作时允许通过的最大正向电流值。因为电流通过二极管时会使管芯发热,温度上升,温度超过容许限度(硅管为 140℃ 左右,锗管为 90℃ 左右)时,就会使管芯发热而损坏。所以,二极管使用时不要超过额定正向工作电流。例如:常用的 IN4001～IN4007 型锗整流二极管的额定正向工作电流为 1 A。

2) 最高反向工作电压

加在二极管两端的反向电压高到一定值时,会将二极管击穿,使其失去单向导电能力。为了保证使用安全,规定了最高反向工作电压值。例如:IN4001 型二极管反向耐压为 50 V,IN4007 型二极管反向耐压为 1000 V。

3) 反向电流

反向电流是指二极管在规定的温度和最高反向工作电压的作用下,流过二极管的反向电流。反向电流越小,则二极管的单向导电性能越好。值得注意的是,反向电流与温度有着密切的关系,温度每升高约 10℃,反向电流将增大 1 倍。硅二极管比锗二极管在高温下具有较好的稳定性。

### 3. 常用晶体二极管

1) 普通二极管

普通二极管一般有玻璃和塑料两种封装形式,如图 1.2.2 所示。它们的外壳上均印有型号和标记,识别很简单:小功率二极管的负极(N 极)在外壳上大多采用一道色环标识,也有采用符号"P""N"来确定二极管的极性。发光二极管的正负极可通过引脚长短来识别,长脚为正,短脚为负。

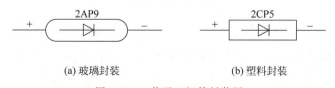

(a) 玻璃封装　　　　　(b) 塑料封装

图 1.2.2　普通二极管封装图

2) 稳压二极管

稳压二极管又称齐纳二极管,有玻璃封装、塑料封装和金属外壳封装三种封装形式,实物如图 1.2.3 所示。稳压二极管是利用 PN 结反向击穿时电压基本上不随电流变化的特点来达到稳压的目的。稳压二极管正常工作时工作于反向击穿状态,外电路要加合适的限流电阻,以防止烧毁稳压二极管。

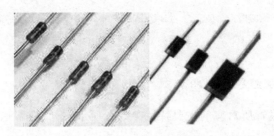

图 1.2.3 稳压二极管实物

稳压二极管根据击穿电压分挡,其稳定电压值就是击穿电压值。稳压二极管主要作为稳压器或电压基准元件使用,可以串联使用,其稳定电压值为各稳压二极管稳定电压值之和。稳压二极管不能并联使用,原因是每个稳压二极管的稳定电压值有差异,并联后每个稳压二极管的电流不同,个别稳压二极管会因过载而损坏。

选用稳压二极管时应满足应用电路中主要参数的要求。稳压二极管的稳定电压值应与应用电路的基准电压值相同,稳压二极管的最大稳定电流应高于应用电路的最大负载电流 50% 左右。

3) 发光二极管

发光二极管除了具有普通二极管的单向导电特性之外,还可以将电能转换为光能,属于主动发光器件,常用作显示、状态信息指示等,其常见实物如图 1.2.4 所示。给发光二极管外加正向电压,它处于导通状态,当正向电流流过管芯时,发光二极管就会发光,将电能转换成光能。发光二极管的发光颜色主要由制作材料以及掺入杂质的种类决定。目前常见的发光二极管发光颜色主要有蓝色、绿色、黄色、橙色、红色、白色等。

图 1.2.4 常见发光二极管实物

发光二极管的工作电流通常为 2~25 mA,其工作电流不能超过额定值太多,否则有烧毁的危险。因此,通常在发光二极管回路中串联一个电阻作为限流电阻,限流电阻的计算式为

$$R = (U - U_F)/I_F$$

式中,$U$ 是电源电压;$U_F$ 是发光二极管的工作电压;$I_F$ 是发光二极管的工作电流。

工作电压(即正向压降)随着材料的不同而不同,普通的绿色、黄色、红色、橙色等发光二极管的工作电压约为 2 V,白色发光二极管的工作电压通常高于 2.4 V,蓝色发光二极管的工作电压通常高于 3.3 V。

4) 光电二极管

光电二极管是一种将光信号转换成电信号的半导体器件。当有光照时,光电二极管的反向电流与光照度成正比,常应用于光电转换及光控、测光等自动控制电路中。

**4. 晶体二极管使用常识**

1) 普通二极管

(1) 在电路中应按注明的极性进行连接。

(2) 根据需要选择正确的型号。

(3) 引出线的焊接或弯曲处与管壳的距离不得小于 10 mm。为防止因焊接时过热而损坏,要使用功率低于 60 W 的电烙铁,焊接时间要短(2~3 s)。

(4) 切勿超过二极管器件手册中规定的最大允许电流和电压值。

(5) 应避免靠近发热元件,并保证散热良好。

(6) 硅管和锗管不能互相代换。二极管代换时,代换的二极管的最高反向工作电压和最大整流电流不应小于被代换管。根据工作特点,还应考虑其他特性,如截止频率、结电容、开关速度等。

2) 稳压二极管

(1) 可将任意稳压二极管串联使用,但不得并联使用。

(2) 工作过程中,所用稳压二极管的电流与功率不允许超过极限值。

(3) 稳压二极管接在电路中,应工作于反向击穿状态,即工作于稳压区。

(4) 稳压二极管替换时,必须使替换的稳压二极管的稳定电压额定值 $U_Z$ 与原稳压二极管的稳定电压额定值相同,而最大工作电流则要相等或更大。

## 1.2.2 晶体三极管

晶体三极管简称三极管或晶体管,是电子电路中广泛应用的有源器件之一,在模拟电子电路中主要起放大作用。晶体三极管还能用于开关、控制、振荡等电路中。

**1. 晶体三极管的分类**

(1) 按导电类型分类:NPN 型晶体三极管、PNP 型晶体三极管。

(2) 按工作频率分类:高频晶体三极管、低频晶体三极管。

(3) 按功率分类:小功率晶体三极管、中功率晶体三极管。

(4) 按电性能分类:开关晶体三极管、高反压晶体三极管、低噪声晶体三极管。

(5) 按工艺方法和管芯结构分类:合金晶体三极管、合金扩散晶体三极管、台面晶体三极管、平面晶体三极管、外延平面晶体三极管。

**2. 晶体三极管的外形及管脚识别**

晶体三极管按内部半导体极性结构的不同分为 NPN 型和 PNP 型两大类,如图 1.2.5 所示。如图 1.2.5(c)与(d)所示为电路符号。引脚名称大写或小写均可使用,但在电路中有时需要根据信号的不同加以区分。

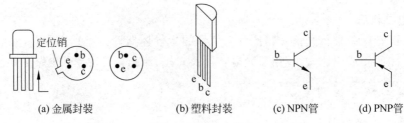

(a) 金属封装　　　　　　(b) 塑料封装　　　　　(c) NPN管　　　　　(d) PNP管

图 1.2.5　三极管小功率管引脚排列和图形符号

三极管外引脚排列因型号、封装形式与功能等的不同而有所区别,小功率三极管的封装形式有金属封装和塑料外壳封装两种。

采用金属外壳封装的三极管如果管壳上带有定位销,那么将管底朝上,从定位销起,按顺时针方向,三根电极依次为 e、b、c;如果管壳上无定位销,且三根电极在半圆内,将有三根电极的半圆朝上,按顺时针方向,三根电极依次为 e、b、c,如图 1.2.5(a)所示。

采用塑料外壳封装的三极管,面对平面,三根电极置于下方,从左往右依次为 e、b、c,如图 1.2.5(b)所示。不同型号的三极管,其电极顺序可能不同。

### 3. 晶体三极管的主要参数指标

(1) 集电极-基极反向电流 $I_{CBO}$：发射极开路时集电极与基极间的反向电流。

(2) 集电极-发射极反向电流 $I_{CEO}$：基极开路时集电极与发射极间的反向电流(俗称穿透电流), $I_{CEO} \approx \beta I_{CBO}$。

(3) 基极-发射极饱和压降 $U_{BES}$：晶体三极管处于导通状态时,输入端 b、e 之间的电压降。

(4) 集电极-发射极饱和压降 $U_{CES}$：在共发射极电路中,晶体三极管处于饱和状态时,c、e 端之间的输出压降。

(5) 输入电阻 $r_{BE}$：晶体三极管输出端交流短路即 $\Delta U_{CE}=0$ 时 b、e 极间的电阻,$r_{BE}=\Delta U_{BE}/\Delta I_B (U_{CE}=常数)$。

(6) 共发射极小信号直流电流放大系数 $h_{FE}$：$h_{FE}=I_C/I_B$。

(7) 共发射极小信号交流电流放大系数 $\beta$：$\beta=\Delta I_C/\Delta I_B (U_{CE}=常数)$。通常晶体三极管采用色标法来表示 $\beta$ 值,如表 1.2.2 所示。

表 1.2.2　晶体三极管采用色标法表示的 $\beta$ 值

| 颜色 | 棕 | 红 | 橙 | 黄 | 绿 | 蓝 | 紫 | 灰 | 白 | 黑 |
|---|---|---|---|---|---|---|---|---|---|---|
| $\beta$ | 5～15 | 15～25 | 25～40 | 40～55 | 55～80 | 80～120 | 120～180 | 180～270 | 270～400 | 400 以上 |

(8) 共基极电流放大系数 $\alpha$：$\alpha=I_C/I_E$。

(9) 共发射极截止频率 $f_\beta$：当晶体三极管共发射极应用时,其 $\beta$ 值下降 70.7% 时所对应的频率。

(10) 共基极截止频率 $f_\alpha$：当晶体三极管共基极应用时,其 $\alpha$ 值下降 70.7% 时所对应的频率。

(11) 特征频率 $f_T$：当晶体三极管共发射极应用时，其 $\beta$ 值下降为 1 时所对应的频率，它表征晶体三极管具备电流放大能力的极限。

(12) 集电极-基极反向击穿电压 $U_{CBO}$：发射极开路时集电极与基极间的击穿电压。

(13) 集电极-发射极反向击穿电压 $U_{CEO}$：基极开路时集电极与发射极间的击穿电压。

(14) 集电极最大允许电流 $I_{CM}$：当 $\beta$ 值下降到最大值的 1/2 或 1/3 时的集电极电流。

(15) 集电极最大耗散功率 $P_{CM}$：是集电极允许耗散功率的最大值。

(16) 噪声系数 $N_F$：晶体三极管输入端信噪比与输出端信噪比的相对比值。

**4. 晶体三极管使用常识**

(1) 加到晶体三极管上的电压极性应正确。PNP 管的发射极对其他两个电极是正电位，而 NPN 管则是负电位。

(2) 无论是静态、动态或不稳定态（如电路开启、关闭时），均需防止其工作电流、工作电压超出最大允许极限值，也不得有两项以上参数同时达到极限。

(3) 选用晶体三极管时主要应注意极性和下述参数：$P_{CM}$、$I_{CM}$、$U_{CEO}$、$U_{CBO}$、$\beta$、$f_T$ 和 $f_\beta$。由于 $U_{CBO} > U_{CES} > U_{CEO}$，因此三个参数中，只要 $U_{CEO}$ 满足要求就可以了。

(4) 更换晶体三极管时，只要其基本参数相同就能更换，性能高的可替代性能低的。

(5) 工作于开关状态的晶体三极管由于 $U_{CEO}$ 一般较低，所以应考虑是否要在基极回路加保护线路（如线圈两端并联续流二极管），以防止电路中因有线圈反电动势而损坏晶体三极管。

(6) 晶体三极管应避免靠近其他发热体，减小温度变化和保持管壳散热良好。

# 常用电测量仪表及电子仪器的使用

电工电子测量是电学实验的重要实践环节,也是理工科专业学生必须掌握的基本技能。本章主要介绍常用电测量仪表及电子仪器设备的基本工作原理和使用方法。受篇幅限制,仪器仪表的详细原理说明还需要读者参考其他书籍加以学习。

## 2.1 常用电测量仪表的使用

在生产、科研与实验教学中,经常需要测量电流、电压、频率、电功率、功率因数、电阻、电感、电容等电参量,用来测量电参量的仪表习惯上称为电工仪表,也称为电测量仪表。

### 2.1.1 常用电测量仪表的分类与选用

电测量仪表的主要用途是借助它来比较被测量电量与测量单位的关系,从而获得被测值。使用电测量仪表测量具有下列优点:仪表结构简单,使用方便,可根据实际测量环境选择足够准确度的电测量仪表测量,还可以将电测量仪表灵活地接入测量电路,并可实现远距离测量等。常用的电测量仪表是直读式仪表,一般有下列几种分类方法。

**1. 按照被测量电路参数的种类分类**

电测量仪表按照被测量电路参数的种类来分,如表 2.1.1 所示。

表 2.1.1 按被测量电路参数的种类分类电测量仪表

| 序 号 | 被测量电路参数 | 仪表名称 | 符 号 |
|---|---|---|---|
| 1 | 电流 | 电流表 | Ⓐ |
| 2 | 电压 | 电压表 | Ⓥ |
| 3 | 电功率 | 功率表 | Ⓦ |
| 4 | 电能 | 电能表 | kW·h |
| 5 | 相位差 | 相位表 | Ⓟ |
| 6 | 频率 | 频率计 | ㎐ |
| 7 | 电阻 | 电阻表 | Ω |

**2. 按照被测量电路参数的性质分类**

电测量仪表按照被测量电路参数的性质可以分为直流仪表、交流仪表、交直流两用表等。

### 3. 按照仪表的工作原理分类

电测量仪表按照其工作原理可以分为磁电式、电磁式、电动式、整流式等，如表 2.1.2 所示。

表 2.1.2 按工作原理分类电测量仪表

| 类 型 | 符 号 | 被测量电路参数 | 电流的种类与频率 |
|---|---|---|---|
| 磁电式 | | 电流、电阻、电压 | 直流 |
| 电磁式 | | 电流、电压 | 直流及工频交流 |
| 电动式 | | 电流、电压、电功率、功率因数、电能 | 直流、工频及较高频率的交流 |
| 整流式 | | 电流、电压 | 工频及较高频率的交流 |

### 4. 按照仪表的准确度等级分类

根据电测量仪表基本误差的不同情况，国家标准规定电测量仪表的准确度等级分为七级，如表 2.1.3 所示。

表 2.1.3 电测量仪表的准确度等级

| 准确度等级 | 0.1 | 0.2 | 0.5 | 1.0 | 1.5 | 2.5 | 5.0 |
|---|---|---|---|---|---|---|---|
| 引用误差/% | ±0.1 | ±0.2 | ±0.5 | ±1.0 | ±1.5 | ±2.5 | ±5.0 |

电测量仪表的准确度等级为 $\alpha$，说明该仪表的最大引用误差不超过 $\pm\alpha\%$。如某仪表的满刻度值为 $X_N$，测量值为 $X$，则该仪表在 $X$ 点邻近处的示值误差为

$$\Delta X \leqslant X_N \times \alpha \times 100\%$$

测量误差（相对误差）为

$$\gamma \leqslant \frac{X_N}{X} \times \alpha \times 100\%$$

例如，有一块准确度等级为 2.5 级的电压表，其最大量程为 50 V，用来测量 50 V 电压时，测量误差（相对误差）为

$$\gamma_1 \leqslant \frac{50}{50} \times 2.5\% \times 100\% = 2.5\%$$

用该表测量 25 V 电压时，测量误差（相对误差）为

$$\gamma_2 \leqslant \frac{50}{25} \times 2.5\% \times 100\% = 5\%$$

用该表测量 10 V 电压时，测量误差（相对误差）为

$$\gamma_3 \leqslant \frac{50}{10} \times 2.5\% \times 100\% = 12.5\%$$

因此,在测量时要根据被测量电路参数的大小选择合适量程的仪表。为充分利用仪表的准确度,被测量的值应大于其测量上限的 1/2。

此外,电测量仪表还有按对电场或磁场的防御能力以及使用条件等来分类,请读者自己查阅相关资料,这里不再赘述。

在选用电测量仪表时应注意以下几点。

(1) 仪表的表头、刻度表标记。仪表的表头、刻度表上标记的不同符号代表仪表的不同使用条件,选用时必须按仪表使用说明来选用。

(2) 仪表的正常工作条件。测量时要使仪表满足正常工作条件,否则会引起一定的附加误差。例如,在使用仪表时,应按规定的位置放置,仪表要远离外磁场和外电场;使用前要使仪表指针指示零位置;对于交流仪表,波形要满足要求,频率要在仪表的允许范围内,等等。

(3) 仪表的正确接线。仪表的接线必须正确,电流表要串联在被测支路中;电压表要并联在被测支路两端;直流表要注意正、负极性,电流从标有"+"的端流入。

(4) 仪表的量程。被测量必须小于仪表的量程,否则容易烧坏仪表。为了提高测量的准确度,选择量程时,一般使指针偏转超过量程 1/2 的区域作为测量区间。如果无法预知被测量的大小,则必须先选用大量程进行测量,测出大概数值,然后逐步转换到小量程测量。

(5) 读数。指针式仪表读数时要做到"眼、针、影",三者成一条直线。要根据所选用仪表量程和刻度的实际情况,合理取舍读数的有效数字。

此外,在仪表上通常标有仪表的型式、准确度等级、电流的种类、仪表的绝缘耐压强度和放置符号,其他常见符号如表 2.1.4 所示。

表 2.1.4　电测量仪表的表头常见符号及其意义

| 符号 | 意　义 | 符号 | 意　　义 |
| --- | --- | --- | --- |
| — | 直流 | ⚡2 kV | 仪表绝缘试验电压 2000 V |
| ∼ | 交流 | ⊥ | 仪表直立放置 |
| ≃ | 交直流 | ⊓ | 仪表水平放置 |
| 3∼ 或 ≈ | 三相交流 | ∠60° | 仪表倾斜 60° |

## 2.1.2　磁电式、电磁式、电动式测量仪表

常用的电测量仪表是指针式测量仪表。指针式测量仪表的主要作用是将被测电量变换成仪表活动部分的偏转角位移。任何电测量仪表都由测量机构和测量电路两部分组成。

(1) 测量机构:接受电量后就能产生转动的机构称为测量机构,它是整个仪表的核心。测量机构由驱动装置、控制装置、阻尼装置三部分构成。

① 驱动装置:产生转动力矩,使活动部分偏转。转动力矩的大小与输入测量机构的电量大小呈函数关系。

② 控制装置:产生反作用力矩,与转动力矩相平衡,使活动部分偏转到一定位置。

③ 阻尼装置:产生阻尼力矩,在可动部分运动过程中消耗其动能,缩短其摆动时间。

(2) 测量电路:测量机构根据电流、电压或者两个电量的乘积大小产生一定的偏转。但若被测量的是其他参数,如功率、频率等,或者被测电流、电压过大或过小,则不能直接作

用到测量机构,而是必须将各种被测量量转换成测量机构所能接受的电学量,实现此类转换的电路被称为测量电路。仪表的功能不同,其测量电路也不相同。

**1. 磁电式仪表**

1) 磁电式仪表的结构和工作原理

磁电式仪表是根据通电线圈在永久磁场中受到电磁力作用的原理制成的。

磁电式仪表的结构如图 2.1.1(a)所示。磁电式仪表的固定部分包括马蹄形永久磁铁、极靴及圆柱形铁芯等,仪表的可动部分包括铝框及可动线圈、前后两根半轴、螺旋弹簧及指针等。极靴与铁芯之间的空隙宽度是均匀的,形成一个均匀的磁场。

当可动线圈中通过电流 $I$ 时,线圈电流和磁场相互作用而产生转动力矩,使可动线圈发生偏转,如图 2.1.1(b)所示。根据左手定则可判断,在可动线圈的每个侧边上产生的作用力 $F$ 的大小为

$$F = BlNI \tag{2.1.1}$$

式中,$B$ 为极靴与铁芯之间的磁感应强度;$l$ 为可动线圈每个受力边的有效长度;$N$ 为可动线圈匝数;$I$ 为通过可动线圈的电流。

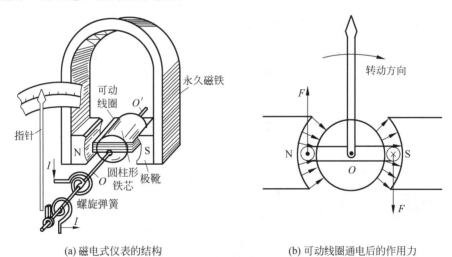

(a) 磁电式仪表的结构  (b) 可动线圈通电后的作用力

图 2.1.1 磁电式仪表的结构和工作原理

在图 2.1.1(b)所示电流和磁场方向上,可动线圈按顺时针方向旋转,其转动力矩为

$$M = 2Fr = 2rBlNI \tag{2.1.2}$$

式中,$r$ 为转轴中心到可动线圈有效边的距离。

对于成品仪表,$N$、$B$、$l$、$r$ 均已固定,即 $2rBlN = K$,$K$ 为常数,所以有

$$M = KI \tag{2.1.3}$$

因此,只要可动线圈通有电流,在转矩 $M$ 的作用下,仪表的可动部分将产生偏转,同时迫使与转动线圈固定在一起的游丝(螺旋弹簧)产生阻止线圈转动的阻力矩 $M_\alpha$,这个阻力矩与转角 $\alpha$ 成正比,即

$$M_\alpha = D\alpha \tag{2.1.4}$$

式中,$D$ 为游丝(螺旋弹簧)的弹性系数。

当可动线圈处于平衡状态时,可动部分便停止转动。此时,$M=M_a$,得出

$$\alpha = \frac{K}{D}I = K'I \qquad (2.1.5)$$

由式(2.1.5)可知,仪表指针的偏转角 $\alpha$ 与通过可动线圈的电流 $I$ 成正比。所以,磁电式仪表可用来测量电流,而且仪表尺上的刻度是均匀的。

2) 磁电式仪表的特性与应用

磁电式仪表的特性有:

① 因为表头结构中的固定部分是永久磁铁,磁性很强,故抗外磁干扰能力强,并且线圈中流过很小的电流指针便可偏转,所以灵敏度高,可制成高准确度仪表,如0.1级的仪表。

② 消耗功率小,应用时对被测电路的影响很小。

③ 仪表尺上的刻度是均匀的。

④ 因为游丝、可动线圈的导线很细,所以仪表的过载能力不强,易损坏。

⑤ 只能用来测直流。

由磁电式仪表的原理可知,其测量机构可直接用来测量直流电流,而不需要增加测量线路。但是由于被测电流要通过的游丝、可动线圈的导线很细,因而用磁电测量机构直接构成电流表只能测量很小的电流(几十微安到几十毫安)。若要测量更大的电流,就需要增加分流器来扩大量程。若要测量直流电压,则需要采用附加电阻与测量机构相串联的方法,既可以测量较高的电压,又能使测量机构电阻随温度变化引起的误差得到补偿。若要测量交流电压,则需加装整流电路。

(1) 扩大电流表量程的电路

分流器是扩大电流表量程的装置,通常由电阻担当。图2.1.2所示是一个电流表线路示意图,分流电阻 $R$ 与测量机构(内阻为 $R_0$)并联,被测电流的大部分通过分流电阻 $R$。则增加分流器后,流过测量机构的电流为

$$I_0 = \frac{R}{R_0 + R} I_x \qquad (2.1.6)$$

因此,被测电流可表示为

$$I_x = \frac{R_0 + R}{R} I_0 = K_L I_0 \qquad (2.1.7)$$

式(2.1.7)中,$K_L$ 为分流系数,它表示被测电流比可动线圈电流大了 $K_L$ 倍。对于某指定仪表,其分流电阻 $R$ 的值是固定不变的,即分流系数 $K_L$ 是一个定值,所以该仪表可以直接用被测电流 $I_x$ 进行刻度,这就是常见的直流安培表。如果一个表头配置了多个不同的分流器,如图2.1.3所示,则可制成具有多量程的电流表。

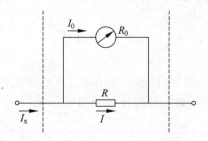

图2.1.2 用分流电阻扩大电流表量程示意图

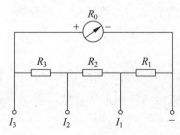

图2.1.3 三量程直流电流表电路

(2) 交、直流电压表测量电路

磁电式电压表是由磁电式测量机构和附加电阻串联构成的,如图 2.1.4 所示。这时被测电压 $U_x$ 的大部分压降由电阻 $R$ 分担,分配到测量机构上的电压 $U_0$ 只是很小的一部分,从而使通过测量机构的电流限制在允许的范围内,扩大了电压的量程。串联附加电阻后,测量机构中通过的电流为

$$I_0 = \frac{U_x}{R_0 + R} = \frac{U_x}{R_v} \tag{2.1.8}$$

由于磁电式测量机构的偏转角与流过线圈的电流成正比,因此有

$$\alpha = K'I_0 = K'\frac{U_x}{R_0 + R} = K_v U_x \tag{2.1.9}$$

式(2.1.9)中,$K_v$ 为仪表对电压的灵敏度,$K_v = \frac{K'}{R_0 + R}$;$K'$ 为仪表对电流的灵敏度。

图 2.1.5 所示为单量程交流电压表。半波整流电路使得当 A、B 两测试端接入的电压 $U_{AB} > 0$ 时,表头才有电流流过,表头的偏转角与半波整流电压的平均值成正比。在工程和日常生活中,常常需要测量正弦电压,并用其有效值表示。因此,交流电压表的标尺是按正弦电压的有效值标定的,即标尺的刻度值为整流电压的平均值乘以一个转换系数(有效值/平均值)。半波整流的转换系数为

$$K = \frac{U}{U_{av}} = \frac{U_m/\sqrt{2}}{U_m/\pi} = 2.22 \tag{2.1.10}$$

式(2.1.10)中,$U_{av}$ 为半波整流电压的平均值。注意:当被测量为非正弦波形时,其转换系数就不是 2.22。

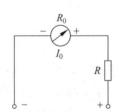

图 2.1.4  单量程直流电压表示意图

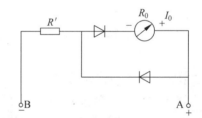

图 2.1.5  单量程交流电压表示意图

当电压表的量程为 $U_N$ 时,表头指针满偏时的整流电流的平均值为 $I_{av}$,则分压电阻为

$$R_N = \frac{U_N}{2.22 I_{av}} - R_0 \tag{2.1.11}$$

多量程直流、交流电压测量电路分别如图 2.1.6 与图 2.1.7 所示。

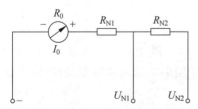

图 2.1.6  多量程直流电压表示意图

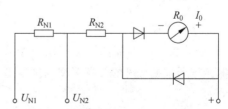

图 2.1.7  多量程交流电压表示意图

3) 实验室常用磁电式仪表——C31型直流毫安表简介

图 2.1.8 所示为实验室常用的一款磁电式直流电流测量仪表——C31型直流毫安表的面板图,其准确度等级为0.5级,可测量直流电流,共有"～100、～200、～500、～1000 mA"四个量程挡。C31型直流毫安表的表盘刻度均匀,在面板上有5个接线柱:"－""100""200""500""1000"。使用时必须选择"100""200""500""1000"四个接线柱中某一个作为直流电流流入端,选择"－"作为电流流出端。

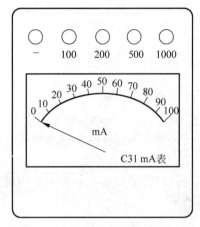

图 2.1.8　C31型直流毫安表面板示意图

C31型直流毫安表的使用方法为:

(1) 将直流毫安表与负载串联在被测电路中。

(2) 选择合适的量程挡。若被测电流大小未知,则选择最大量程挡开始测量,再根据实际测量值确定是否要更换到小量程挡(被测电流使指针偏转超过表盘刻度1/2以上方可读数)。

(3) 读数时要做到"眼、针、影"三者成一条直线。要根据所选用仪表的量程和刻度的实际情况合理取舍读数的有效数字。例如,指针偏转指示刚好在70格处,如果当前量程挡选择为"200 mA",则读取的被测电流值应该是140.0 mA;如果当前量程挡选择为"500 mA",则读取的被测电流值应该为350.0 mA。

(4) 在使用直流毫安表时应该注意正、负极性,即电流从图2.1.8所示四个量程挡中所选择量程的接线柱流入,从标有"－"的接线柱流出;由于电流表的内阻很小,所以决不允许不经过负载而将电流表连接到电源的两极上。

2. 电磁式仪表

1) 电磁式仪表的结构和工作原理

电磁式仪表的测量机构是利用一个或几个载流线圈的磁场对一个或几个铁磁元件作用,其结构形式最常见的有吸引型和推斥型两种,实际应用中常采用推斥型结构,如图2.1.9所示。

推斥型电磁式仪表的主要部分是:固定的圆形线圈、线圈内部的固定铁片、固定在转轴上的可动铁片。

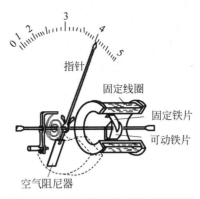

图 2.1.9　推斥型电磁式仪表的构造

当固定线圈通有直流电流时,线圈内部产生磁场,固定铁片、可动铁片同时被磁化且同一端的极性相同,因而产生了相互推斥的转动力矩 $M$,可动铁片因受斥力而带动指针偏转。

当固定线圈内通入交流电流时,磁场是交变的,两铁片的极性也是交变的,但相应端的极性总是一致,所以二者仍然产生推斥力。转动力矩 $M$ 的方向不变,可动铁片仍受斥力作用而带动指针偏转。

在推斥力的作用下,可动铁片带动指针转动,同时转轴上的螺旋弹簧将产生相应的阻转矩 $M_R$。当动转矩与阻转矩达到平衡时(即 $M_R = M$),可动部分停止转动,指针在表盘刻度标尺上的位置指示出被测数据。仪表指针的偏转角取决于转动力矩的平均值,而平均转动力矩的值正比于线圈中电流有效值的二次方。下面简要分析仪表指针的偏转角与线圈中通入的交流电流的关系。

设某一瞬间线圈中的电流值为 $i$(有效值为 $I$),瞬时转动力矩为 $m$,$B_2$ 为固定铁片被磁化后的磁感应强度,$B_3$ 为可动铁片被磁化后的磁感应强度,则

$$B_2 \propto i, \quad B_3 \propto i, \quad m \propto B_2 B_3 \tag{2.1.12}$$

因此,有

$$m \propto i^2 \tag{2.1.13}$$

则平均转动力矩 $M$ 的大小为

$$M = \frac{1}{T}\int_0^T m\,\mathrm{d}t \propto \frac{1}{T}\int_0^T i^2\,\mathrm{d}t = I^2 \tag{2.1.14}$$

所以

$$M \propto I^2 \tag{2.1.15}$$

设 $K$ 为比例系数,$K$ 与线圈的匝数、固定铁片、可动铁片的形状及相对位置有关,则

$$M = KI^2 \tag{2.1.16}$$

电磁式仪表中的阻力矩由转轴上的螺旋弹簧产生,其值与弹簧的弹性系数 $D$ 有关,即

$$M_R = D\alpha \tag{2.1.17}$$

当平均转动力矩 $M$ 与阻转矩 $M_R$ 相等时,力矩平衡,指针稳定指示出当前电流值。即

$$M = M_R$$

$$KI^2 = D\alpha$$

$$\alpha = \frac{K}{D}I^2 \qquad (2.1.18)$$

由式(2.1.18)可知,电磁式仪表的偏转角与线圈中通入电流的有效值的二次方成正比,因此表头上的刻度尺是不均匀的。但是,若将固定铁片和可动铁片制作为特定的形状,可使仪表刻度的后半段接近均匀。

2) 电磁式仪表的特性与应用

电磁式仪表的特性有:

(1) 仪表指针的偏转角 $\alpha$ 与被测电流的有效值的二次方成正比,仪表刻度是不均匀的。

(2) 电磁式仪表既可测交流,也可测直流,常作为交直流两用表。这种仪表结构简单,成本低,应用较广。

(3) 由于被测电流直接通入线圈,不经游丝或弹簧,所以过载能力较强。

(4) 仪表的灵敏度不高,因为固定线圈必须通过足够大的电流,所产生的磁场才能使可动铁片偏转,仪表本身的功率损耗比较大。

(5) 由于采用铁磁元件,受元件的磁滞、涡流影响,频率误差较大。

电磁式电压表是在电磁式测量机构上串接电阻形成的,与直流电压表的形成相同;电磁式电流表多为双量程,不宜采用分流器,而是采用两组规格和参数均相同的线圈串联或并联来改变量程。例如,T19A 型交流电流表就是通过面板上的量程插头位置来改变电流表的量程。

3) 实验室常用电磁式仪表——T19A 型交流电流表与 T19V 型交流电压表简介

如图 2.1.10 与图 2.1.11 所示为实验室常用的电磁式交流测量仪表面板,两个仪表的准确度等级均为 0.5 级,且两个仪表的表盘刻度都是不均匀的。

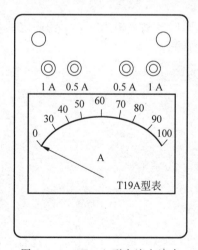

图 2.1.10  T19A 型交流电流表

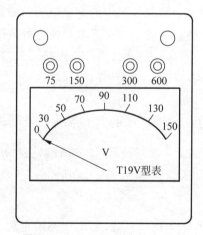

图 2.1.11  T19V 型交流电压表

图 2.1.10 所示为 T19A 型交流电流表面板,该表有 2 个接线柱和 4 个插孔。2 个接线柱用于将交流电流表串联接入电路中;标注"1 A""0.5 A""0.5 A""1 A"的 4 个插孔可在使用时同时插入两个量程插头,方便地选择 1 A 与 0.5 A 两个量程。T19A 型交流电流表的使用方法:

(1) 将交流电流表与负载共同串联在被测电路中。

(2) 通过量程插头选择合适的量程挡(0.5 A与1 A两挡,选择方法:将两个量程插头同时插入两个"1 A"或者"0.5 A"插孔)。若被测电流大小未知,则选择"1 A"量程挡开始测量;若被测电流使仪表指针偏转未超过表盘刻度的1/2,则换"0.5 A"量程挡测量。

(3) 读数时,要做到"眼、针、影"三者成一条直线。要根据所选用仪表量程和刻度的实际情况合理取舍读数的有效数字。例如,指针偏转指示在70格处,如果当前量程挡选择"1 A",则读取的被测电流的有效值应该为0.700 A;如果当前量程挡选择"0.5 A",则读取的被测电流的有效值应该为0.350 A。

**注意**:在使用交流电流表时,接线柱并无正、负极之分;交流电流表为电磁式仪表,其刻度不均匀,在使用该表测量交流电流有效值时,应使指针偏转超过表盘刻度1/2以上方可读数;由于电流表的内阻很小,所以决不允许不经过负载而将电流表连接到电源的两极上。

图2.1.11所示为T19V型交流电压表面板,该表有2个接线柱和4个插孔。2个接线柱用于将交流电压表并联接入电路中;标注"75""150""300""600"的4个插孔可在使用时插入一个量程插头,方便地选择75 V、150 V、300 V、600 V四个中的一个电压量程。T19A型交流电流表的使用方法:

(1) 将交流电压表并联在被测电路两端。

(2) 通过量程插头选择合适的量程挡(75 V、150 V、300 V与600 V四挡,选择方法:将一个量程插头插入四个量程挡中的一个)。若被测电压未知,则选择600 V量程挡开始测量;若被测电压使仪表指针偏转未超过表盘刻度的1/2,则逐步更换至小一级的量程挡测量。

(3) 读数时要做到"眼、针、影"三者成一条直线。要根据所选用仪表量程和刻度的实际情况合理取舍读数的有效数字。例如,指针偏转刚好指示在110格处,如果当前量程挡选择"600 V",则读取的被测电压的有效值应该是440.0 V;如果当前量程挡选择"75 V",则读取的被测电压的有效值应该为55.0 V。

**注意**:在使用交流电压表时,接线柱并无正、负极之分;交流电压表为电磁式仪表,其刻度不均匀,在使用该表测量交流电压有效值时,应使指针偏转超过表盘刻度1/2以上方可读数。

### 3. 电动式仪表

1) 电动式仪表的结构和工作原理

电动式仪表的工作原理是基于两个带电线圈间的相互作用。其构造如图2.1.12所示。

电动式仪表内部有两个线圈:固定线圈(为了获得较均匀的磁场且便于改换电流线圈量限)和可动线圈。固定线圈由粗导线绕成;可动线圈由细导线绕成,可在固定线圈内绕转轴自由转动。可动线圈、指针、空气阻尼器等都固定在转轴上。反作用力由游丝(螺旋弹簧)产生,游丝同时又是引导电流的元件。仪表的阻尼由空气阻尼器产生。

固定线圈与可动线圈分别通过电流 $I_1$ 与 $I_2$,固定线圈所产生的磁场与可动线圈中的电流作用,使可动线圈产生偏转。设比例系数为 $K$($K$ 的大小取决于线圈的匝数、

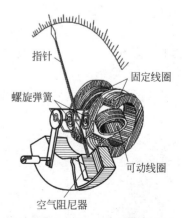

图2.1.12 电动式仪表的构造

几何尺寸及相对位置等),其转矩和流经两线圈的电流的乘积成正比,即

$$M = K I_1 I_2 \tag{2.1.19}$$

阻转矩由游丝(螺旋弹簧)产生。设其弹性系数为 $D$,则阻转矩与活动线圈的偏转角 $\alpha$ 成正比,即

$$M_R = D\alpha \tag{2.1.20}$$

当 $M = M_R$ 时,可动部分静止,此时有

$$\alpha = \frac{K}{D} I_1 I_2 = K' I_1 I_2 \tag{2.1.21}$$

电动式仪表可以交、直流两用。测量直流时,仪表的偏转角与流经两线圈电流的乘积成正比;而测量交流时,仪表的偏转角取决于一个周期内转矩的平均值,即取决于流经两个线圈的交流电流的有效值及两个电流间相位差 $\varphi$ 的余弦,用公式表示为

$$\alpha = K' I_1 I_2 \cos\varphi \tag{2.1.22}$$

电动式仪表可以制成交、直流的电流表,电压表和功率表。电动式电流表、电压表主要作为交流标准表(准确度 0.2 级以上)用,电动式功率表的应用较为普遍。

2) 电动式仪表的技术特性与应用

交、直流两用是电动式仪表的优点,同时由于其没有铁芯,因此可以制成灵敏度和准确度均较高的仪表,它的准确度等级可达 0.1 级。但是电动式仪表本身磁场弱、转矩小,易受外磁场影响,且过载能力差。

电动式功率表的设计思想是在两个固定线圈(电流线圈)输入负载电路的电流,同时将串有附加电阻 $R$ 的活动线圈(电压线圈)并联于负载两端,使流过活动线圈的电流 $I_V$ 与负载电压 $U$ 成正比($I_V \propto U$),如图 2.1.13 所示。虚线方框部分为电动式功率表的测量电路。

当负载电流 $I$ 通过两个固定的电流线圈时,在线圈内会产生磁感应强度为 $B$ 的磁场,活动的电压线圈中的电流 $I_V$ 在磁场的作用下产生磁力 $F$,使活动线圈带动指

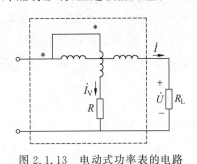

图 2.1.13 电动式功率表的电路

针偏转。磁力 $F$ 的大小与磁感应强度 $B$ 及活动线圈电流 $I_V$ 的乘积成正比,即

$$F = k_0 I_V B = k_1 UI \tag{2.1.23}$$

当测量正弦交流电路负载的功率时,若 $u = U_m \sin\omega t$,$i = I_m \sin(\omega t + \varphi)$,则瞬时值为

$$F = k_1 U_m \sin\omega t \cdot I_m \sin(\omega t + \varphi) \tag{2.1.24}$$

其平均值为

$$F = k_1 UI \cos\varphi \tag{2.1.25}$$

又因指针偏转的同时游丝发生形变,产生的弹力为

$$F_C = D\alpha \tag{2.1.26}$$

式(2.1.26)中,$D$ 为游丝的弹性系数;$\alpha$ 为指针的偏转角。当两力平衡时($F = F_C$),指针处于静止状态,因此有

$$\alpha = \frac{k_1}{D} UI \cos\varphi = kUI \cos\varphi \tag{2.1.27}$$

式(2.1.27)中,$\varphi$ 为 $U$ 和 $I$ 的相位差,$\cos\varphi$ 为负载的功率因数;$\alpha$ 为指针的偏转角,其大小

反映了被测负载的有功功率($P=UI\cos\varphi$);$k$为仪表常数,也称为仪表的功率因数,常在仪表的表头上标注为$\cos\varphi_N$。例如,$\cos\varphi_N=1$的普通功率表称为高功率因数功率表,而$\cos\varphi_N=0.2$的D34型功率表称为低功率因数功率表。

电动式功率表的指针偏转方向取决于转动力矩的方向,而转动力矩的方向又取决于电流线圈的磁场方向和电压线圈中的电流方向。如果电流线圈中的电流方向与电压线圈中的电流方向同时改变,则力矩方向不变;如果只有其中一个线圈中的电流方向改变,则力矩的方向就会反向,即指针偏转方向会相反。因此,在使用功率表时,电流应该从两个线圈的同名端(用"*"或"±"表示)流入,或从两个线圈的同名端流出,且$-90°<\varphi<90°$,此时仪表指针正向偏转;否则,指针会反向偏转。

由于电动式功率表是在固定的电流线圈与可动的电压线圈通入电流后,二者相互作用,促使指针偏转,指示待测电路有功功率的仪表,所以在使用电动式功率表时应注意如下几点。

(1) 接线时,电流线圈要与负载串联,电压线圈要与负载并联。

(2) 电压线圈与电流线圈的接线柱中各有一个标记"*",称为同名端。接线时需将同名端连接在一起,并且一定要接在电源端,否则会产生测量误差。正确的接线图如图2.1.13所示。如果功率表指针反偏,无法读数,则把功率表上的极性开关由"+"换为"-"(或由"-"换为"+")。

(3) 电流线圈的电流及电压线圈的电压都不能超过规定值。测量时,应在电路中接入电流表和电压表以监测电路中的电流和电压。

(4) 功率表所测量的值等于指针所指的分格数(刻度单位格,即div)乘以仪表的常数$c$,即:实际测量值=$c$×指针刻度。普通功率表的常数为

$$c=\frac{U_N I_N}{\alpha_m} \quad (W/div) \tag{2.1.28}$$

式(2.1.28)中,$U_N$和$I_N$是功率表的电压和电流量限;$\alpha_m$是仪表满偏格数。由于其$\cos\varphi_N=1$,普通功率表又称为高功率因数功率表。

当负载功率因数较低时,有功功率($P=UI\cos\varphi$)很小,如果使用普通功率表测量,指针会指示在刻度盘的起始端,相对误差太大,因此要采用低功率因数功率表。低功率因数功率表的常数为

$$c=\frac{U_N I_N \cos\varphi_N}{\alpha_m} \quad (W/div) \tag{2.1.29}$$

式(2.1.29)中,$\cos\varphi_N$为仪表的功率因数(常数),其值在仪表盘上已标明。例如,D34型低功率因数功率表的$\cos\varphi_N=0.2$。

**注意**:低功率因数功率表上标明的$\cos\varphi_N$并非被测负载的功率因数,而是制造该仪表的一个参数,即在额定电流、额定电压下使指针满偏时的功率因数。

3) 实验室常用电动式仪表——D34型低功率因数功率表简介

如图2.1.14(a)所示为D34型低功率因数功率表的面板图,其准确度等级为0.5级,仪表表盘的刻度均匀。该表有4个电压线圈接线柱(*U、75、150、300),其中,"*U"为公共端(与"*I"共为同名端),3个数值对应75 V、150 V、300 V三个量程。该表有4个电流接线柱,没有标明量程,需要通过对4个接线柱的不同连接方式改变电流线圈的量程,即通过

活动连接使两只 0.5 A 的电流线圈串联或并联,得到 0.5 A 或者 1 A 的量程,如图 2.1.14(b) 和(c)所示。该表的使用方法如下。

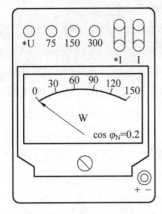
(a) 功率表面板示意图

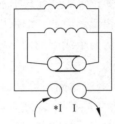
(b) 两电流线圈串联(0.5 A的量程)

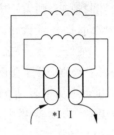
(c) 两电流线圈并联(1 A的量程)

图 2.1.14　D34 型低功率因数功率表

(1) 将"*U"与"*I"两个同名端共同连接到待测电路的电源端(相线)。

(2) 选择功率表电压线圈的量程,例如选择 300 V 量程挡,就将"300"接线柱接入待测电路的中线。

(3) 选择功率表的电流线圈量程挡,如图 2.1.14(c)所示为 1A 量程连接方式,图 2.1.14(b) 所示为 0.5A 量程连接方式,将"*I"与"I"接线柱串联接入待测电路。

(4) 图 2.1.15(a)所示为功率表选择电压量程 150 V、电流量程 0.5 A 时的功率表接线图,图 2.1.15(b)所示为功率表选择电压量程 300 V、电流量程 1 A 时的功率表接线图。

(5) 注意检查电流是否从同名端("*U"与"*I")流入,确认电路无误后,闭合电源,观察功率表指针偏转角度。如果仪表指针偏转未超过表盘刻度的 1/2,则根据被测电路中的电流与端电压状况,更换电压线圈或电流线圈的量程,直到仪表指针偏转超过表盘刻度的 1/2。

(6) 根据测量时电压线圈与电流线圈的连接方式,利用式(2.1.29)计算出功率表的功率因数 $c$,读出功率表所测有功功率。

D34 型低功率因数功率表的功率因数如表 2.1.5 所示。

表 2.1.5　D34 型低功率因数功率表的功率因数

| 电流量限 | 电压量限 | | |
| --- | --- | --- | --- |
| | 75 V | 150 V | 300 V |
| 0.5 A | 0.05 | 0.1 | 0.2 |
| 1 A | 0.1 | 0.2 | 0.4 |

【例 1】 已知 D34 型功率表的连接方式如图 2.1.15 所示,则:

(1) 图(a)所示功率表的常数为_____ W/div,当前测量所得有功功率为_____ W。

(2) 图(b)所示功率表的常数为_____ W/div,当前测量所得有功功率为_____ W。

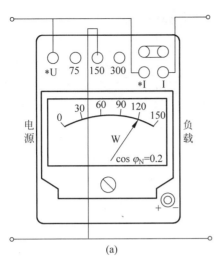 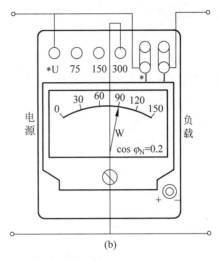

图 2.1.15 D34 型低功率因数功率表连接示例

## 2.1.3 万用表

万用表(即三用表)是一种多功能的便携式仪表,其特点是用途广、量限多、使用简单、携带方便。它是从事电子电气维修、试验和研究人员必备和必须掌握的测量工具之一。万用表根据测量结果显示方式的不同可以分为模拟式(指针式)和数字式两大类,其结构特点都是以表头(模拟式)或液晶显示器(数字式)来指示读数,使用功能转换部件、转换开关来实现不同测量目的的转换。

**1. 模拟式万用表**

模拟式(指针式)万用表主要由表头、转换装置和测量电路三部分组成。表头一般采用灵敏度高的磁电式微安表,其作用是指示被测量的大小;转换装置是用来选择测量对象和量限的;测量电路则是用来把各种被测量转换成适合表头测量的微小电流。图 2.1.16 所示为 MF-47 型万用表的面板。现将各部分测量电路分述如下。

1) 直流电流的测量

测量直流电流的电路原理图如图 2.1.17 所示。被测电流从"＋"端流入,从"－"端流出。$R_{A1} \sim R_{A5}$ 是分流器电阻,它们和微安表头连成一个闭合电路。量程越大,分流器电阻越小。改变转换开关的位置,就改变了分流器的阻值和分流比例,从而改变了电流的量程。

2) 直流电压的测量

测量直流电压的电路原理图如图 2.1.18 所示。被测电压加在"＋""－"两端。$R_{V1}$、$R_{V2}$、$R_{V3}$ 是分

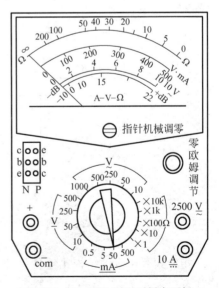

图 2.1.16 MF-47 型万用表面板

压电阻。量程越大,分压电阻也越大。改变转换开关的位置,就改变了分压电阻阻值,从而改变了电压的量程。

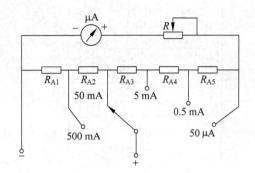

图 2.1.17　直流电流测量原理图

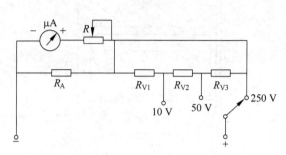

图 2.1.18　直流电压测量原理图

3) 交流电压的测量

测量交流电压的电路原理图如图 2.1.19 所示。磁电式仪表只能测量直流,如果要测量交流,必须附有整流元件,即图 2.1.19 中的半导体二极管 $D_1$ 和 $D_2$。二极管具有单向导电性即只允许一个方向的电流通过,反方向的电流不能通过。被测交流电压加在"a""b"两端,在正、负半周分别经过二极管 $D_1$、$D_2$ 整流后,通过微安表的电流变为半波电流,读数为该电流的平均值,所以指示的读数是正弦电压的有效值。普通万用表只适用于测量频率为 45~1000 Hz 的正弦交流电压。

4) 电阻的测量

测量电阻的电路原理图如图 2.1.20 所示。测量电阻时,电路中必须接入电池,被测量电阻 $R_x$ 接在"a""b"两端。被测电阻越小,电流越大,则指针偏转角越大。测量前应先将"a""b"两端短接,看指针是否偏转最大且指在零位(刻度的最右处),否则,应转动"零欧姆调节"电位器 $R$ 进行校正。

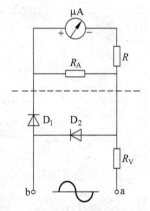

图 2.1.19　交流电压测量原理图

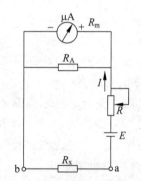

图 2.1.20　电阻测量原理图

指针式万用表的结构比较复杂,其类型较多,表的面板各有差异,因此在使用万用表时,应注意以下几点。

(1) 万用表在使用之前应检查表指针是否指示零位,若不指示零位,可以用小螺丝刀调节表头上的"指针机械调零",进行机械调零。

(2) 万用表面板上的插孔都有极性标记,测量直流电时,注意正、负极性。使用电阻挡判别二极管极性时,注意"+"插孔是表内电池的负极,而"-"插孔(或"*"插孔)通过电路连接到表内电池的正极。

(3) 测量电流或电压时,如果无法预知被测电流、电压的大小,应先调整到最大量程上试测,防止打坏表针。然后再调整到合适的量程上测量(指针偏转在表头刻度的1/2以上),以减小测量误差。注意不能在测量状态转换量程开关。

(4) 测量电阻时,首先要选择适当的分辨率挡,然后将表笔短接,调节"零欧姆调节"旋钮,使表指针指示零位,以确保测量的准确性。如果"零欧姆调节"电位器不能将表针调整到零位,说明电池电压不足,需要更换新电池,或者内部接触不良,需要修理。不能用万用表测量通电或与其他电路连接着的电阻,以免损坏万用表。测量大阻值电阻时,不要用双手分别接触电阻两端,以免人体电阻与被测电阻并联而产生误差。每转换一次量程,都需要重新调零。不得使用电阻挡直接测量微安表表头、检流计、标准电池等仪器仪表的内阻。

(5) 表盘上有许多条刻度尺,要根据不同的被测量对象来读数。测量直流量时读取"DC"或"—"刻度尺,测量交流量时读取"AC"或"~"刻度尺,测量电阻时读取"Ω"刻度尺。

(6) 每次测量完毕,将转换开关拨到交流电压最高挡或者"OFF"挡,防止他人误用而损坏万用表。万用表长期不用时,应取出电池,防止电池液腐蚀而损坏万用表的内部零件。

**2. 数字式万用表**

数字式万用表是采用含有模/数(A/D)转换器的专用集成电路和液晶显示器,将被测量的数值直接以数字形式显示出来的一种电子测量仪表。

现以优利德(UNT-T)UT39A型数字式万用表为例,说明其使用方法。UT39A数字式万用表是一种用电池驱动的三位半数字万用表,可以进行交流电压、直流电压、交流电流、直流电流、电阻、二极管、晶体管$h_{FE}$、带声响的通断等测试,并具有极性选择、量程显示及全量程过载保护等特点。

UT39A型数字万用表如图2.1.21所示。使用万用表测试前,需注意如下事项。

(1) 先将挡位开关从"OFF"挡旋至其他位置,检查液晶屏显示状态。如果液晶屏上显示"⌕",说明电池电压不足,应打开后盖,更换9V层叠电池。如果液晶屏上显示"H",说明显示屏下方的"HOLD"键被按下,数据保持显示不变。

(2) 测试前应将功能开关置于所需的量程上,将表笔按测试需要接入输入插孔。一般将黑色表笔接入"COM"端,红色表笔根据测量对象选择不同的插孔。

(3) UT39A型数字万用表具有休眠模式,当没有操作约15 min后,仪表进入休眠模式。此时若要再次使用,需旋转挡位开关。

**注意**:万用表使用完毕,请将挡位开关旋至"OFF"挡。

图 2.1.21　UT39A 型数字万用表

UT39A 型数字万用表各项测试功能的使用方法简介如下。

（1）测量直流电压：将量程开关拨至"DCV"范围内的合适量程，红表笔接"V/Ω"插孔，黑表笔接"COM"插孔。将测试表笔接入被测源两端，显示屏将显示被测电压值。当显示值前有"－"号时，表示黑表笔测试端为高电位，红表笔测试端为低电位；如无"－"号，表示黑表笔测试端为低电位，红表笔测试端为高电位。如果显示屏只显示"1"，表示超量程，应将量程开关置于更高的量程（以下测量同此）。

（2）测量交流电压：将量程开关拨至"ACV"范围内的合适量程，表笔接法同(1)，将测试表笔接入被测源两端，显示屏将显示被测电压的有效值（无正负之分）。

（3）测量直流电流：将量程开关拨至"DCA"范围内的合适量程，黑表笔接"COM"插孔。当待测量小于 200 mA 时，红表笔接"μA/mA"插孔；当待测量大于 200 mA、小于 10 A 时，红表笔接"A"插孔。将测试表笔串入被测电路，当显示值前有"－"号时，表示电流是从黑表笔流入、红表笔流出。

（4）测量交流电流：将量程开关拨至"ACA"范围内的合适量程，表笔接法同(3)，将测试表笔串入被测电路，显示值为被测交流电流的有效值。

（5）测量电阻：将量程开关拨至"Ω"范围内的合适量程，红表笔接"V/Ω"插孔，黑表笔接"COM"插孔（注意：此时红表笔极性为"＋"，与指针式万用表相反）。将表笔连接到被测电路上，显示屏将显示被测电阻值（注意：显示值的单位是 Ω、kΩ 还是 MΩ，取决于当前选择的量限）。

（6）二极管检测：将量程开关拨至"⊢"挡，表笔接法同(5)，当红表笔接二极管正端、黑表笔接二极管负端时，二极管正向导通（注意：与指针式万用表不同），显示值为二极管的正向压降。当二极管反接时，显示过量程"1"，相当于二极管断开连接。

（7）带声响的通断测试：将量程开关拨至"•))"挡（与二极管测试挡同），表笔接法同(5)。将测试表笔分别接至被检电路两端（被检电路需断开电源），如果被检电路的电阻在 20 Ω 以下，则表内蜂鸣器发声。

（8）晶体管放大系数 $h_{FE}$ 的测试：根据三极管是 NPN 型或 PNP 型，将量程拨至"$h_{FE}$"，将三极管引脚直接插入"E""B""C"各个相应插孔，即可直接读出其电流放大倍数。

### 2.1.4 其他电测量仪表

**1. 钳形电流表**

用普通电流表测量电流，必须将被测电路断开，把电流表串入被测电路，操作很不方便。采用钳形电流表，可以测量正在运行的电气线路的电流大小，可以在不断电的情况下测量，使用非常方便。

钳形电流表简称钳形表，图 2.1.22 所示为数字式钳形电流表外形。钳形电流表的工作部分主要由一块电磁式交流电流表和穿心式电流互感器组成。穿心式电流互感器的铁芯制成可开合，且呈钳形，故名钳形电流表。穿心式电流互感器的一次绕组为穿过互感器中心的被测导线，二次绕组则缠绕在铁芯上与整流电流表

图 2.1.22　数字式钳形电流表

相连。旋钮实际上是一个量程选择开关,扳手的作用是开合穿心式互感器铁芯的可动部分,以便在其内钳入被测导线。

测量电流时,按动扳手,打开钳口,将被测导线置于穿心式电流互感器的中间,当被测导线中有交流电流通过时,交流电流的磁通在互感器副边绕组中感应出电流,该电流通过电磁式电流表的线圈,使指针发生偏转,在表盘刻度尺上显示出被测电流值,但测量的准确度较差。

### 2. 兆欧表

兆欧表又称摇表,是一种检查电气设备、测量兆欧以上高电阻的仪表,通常用来测量电路、电机绕组、电缆等的绝缘电阻。兆欧表大都采用手摇直流发电机供电,其刻度以兆欧(MΩ)为单位。

兆欧表的原理图与外形如图 2.1.23 所示。它主要由手摇直流发电机、磁电式比率计、接线柱(L、E、G)组成。例如,测量电气设备的对地绝缘电阻时,用单根导线连接"L"接线柱与设备的待测部位,用单根导线连接"E"接线柱与设备外壳;测量电气设备内两绕组间绝缘电阻时,"L"和"E"接线柱分别连接两绕组的接线端;测量电缆的绝缘电阻时,"L"接线柱接线芯,"E"接线柱接外壳,"G"接线柱接线芯与外壳之间的绝缘层,以消除表面漏电产生的误差。

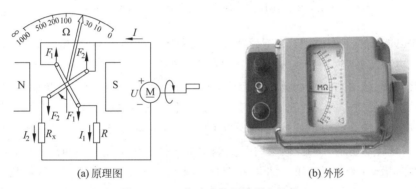

(a) 原理图　　　　　　　　(b) 外形

图 2.1.23　兆欧表的原理图和外形

使用兆欧表时摇动手柄,转速控制在 120 r/min 左右,允许有±20%的变化,但不得超过 25%。通常在摇动 1 min 后,待指针稳定下来再读数。如果被测电路中有电容,摇动时间要长一些,等电容充电完成,指针稳定下来再读数。测完后先拆接线,再停止摇动。测量中若发现指针归零,应立即停止摇动手柄。

兆欧表未停止转动前,切勿用手触及设备的测量部分或摇表的接线柱。测量完毕,应对兆欧表充分放电,避免发生触电事故。

### 3. 电能表

电能表(也称电度表)是专门测量交流电能的仪表。电能表分为感应式和电子式两大类。

感应式电能表采用电磁感应的原理把电压、电流、相位转变为磁力矩,推动铝制圆盘转动,圆盘的轴(蜗杆)带动齿轮驱动计度器的齿轮转动,转动的过程即是时间量累积的过程。

因此感应式电能表具有直观、动态连续、停电不丢数据等优点。

电子式电能表运用模拟或数字电路得到电压和电流向量的乘积,然后通过模拟或数字电路实现电能计量功能。由于采用了数字技术,分时计费电能表、预付费电能表、多用户电能表、多功能电能表逐渐走向市场,进一步满足了科学用电、合理用电的需求。

感应式电能表的生产工艺早已成熟和稳定,其测量机构转矩大、成本低,因而广泛用于电力、工农业生产及家庭用户。图 2.1.24 所示为感应式电能表的外形及内部结构示意图。

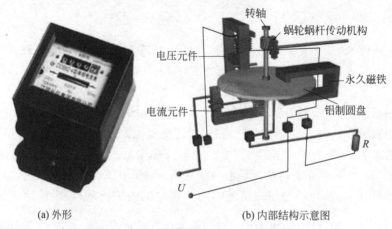

(a) 外形　　　　　　　　　　　　(b) 内部结构示意图

图 2.1.24　感应式电能表的外形和内部结构示意图

感应式电能表的工作原理:当把感应式电能表接入被测电路时,电流元件和电压元件中就有交变电流流过,这两个交变电流分别在它们的铁芯中产生交变的磁通;交变磁通穿过铝制圆盘,在铝盘中感应出涡流;涡流又在永久磁场中受到力的作用,从而使铝盘得到转矩(主动力矩)而转动。负载消耗的功率越大,通过电流线圈的电流越大,铝盘中感应出的涡流也越大,使铝盘转动的力矩就越大,即转矩的大小与负载消耗的功率成正比。功率越大,转矩越大,铝盘转动越快。铝盘转动时又受到永久磁铁产生的制动力矩的作用,制动力矩与主动力矩方向相反;制动力矩的大小与铝盘的转速高低成正比,铝盘转动得越快,制动力矩越大。当主动力矩与制动力矩达到暂时平衡时,铝盘将匀速转动。因此,负载所消耗的电能与铝盘的转数成正比。铝盘转动时,由蜗轮蜗杆传动机构带动计数器将所消耗的电能指示出来。

## 2.2　常用电子仪器的使用

在电路实验中,常用电子仪器仪表有直流稳压电源、单相调压变压器、函数信号发生器、交流毫伏表、示波器和数字万用表等。直流稳压电源、单相调压变压器、信号发生器属于电路中的"源",它们为电路提供正常工作的能量或激励信号,其输出阻抗都很小。交流毫伏表、示波器和数字万用表等作为测量仪器,为减小对被测电路的影响,通常输入阻抗都很大。各实验仪器与实验电路之间的关系如图 2.2.1 所示。其中各电子仪器的作用简述如下:

(1) 直流稳压电源:为电路提供直流可调稳定电压。

(2) 函数信号发生器：为电路提供不同波形、频率和幅度的输入信号。

(3) 示波器：用于观测、显示被测电压信号的波形（幅度、频率、周期、相位等参数）。

(4) 数字交流毫伏表：用于测量电路输入或输出的高频、正弦信号的有效值。

(5) 万用表：测量电路的静态工作点和直流信号值，也可测量工作频率较低时电路的交流电压、交流电流的有效值。

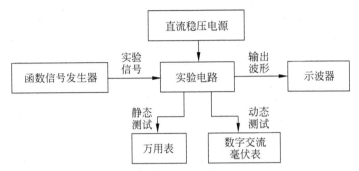

图 2.2.1　电子技术实验中测量仪器仪表连接图

## 2.2.1　直流稳压电源

### 1. 直流稳压电源的工作原理及功能

直流稳压电源是可调直流电压的设备，其基本结构如图 2.2.2 所示。首先由变压器将稳压电源输入的 220 V、50 Hz 的交流电压变换为所需幅度的交流电压；其次，由整流电路将交流电压变换成直流脉动电压；再次，由滤波电路将脉动的直流分量降低；最后，经过直流稳压电路输出稳定的电压。直流稳压源的内阻非常小，在其输出的电压范围内，其伏安特性十分接近理想电源。

图 2.2.2　直流稳压电源的基本结构

### 2. DF1731SLL3A 型直流稳压电源的使用

直流稳压电源的型号很多，面板布局也有所不同，但使用方法基本相同。本节以 DF1731SLL3A 型直流稳压电源为例进行说明。DF1731SLL3A 型直流稳压电源是一款有三路输出的高精度直流稳压电源，其中 CH1 与 CH2 两路输出彼此完全独立的 0～30 V、0～3 A 连续可调的电压；CH3 输出 5 V 固定电压。

DF1731SLL3A 型直流稳压电源面板如图 2.2.3 所示。

(1) 电源面板上有 4 只数字显示表头，分别用来指示两路 0～30 V 可调输出电源的输出电压和电流。注意：这 4 只表头的准确度等级较低（5 级），输出电压或电流的实际大小应以电压表或电流表测量值为准。

(2) 电源面板上有四个旋钮，分成两组：标识为"CURRENT"的是输出电流控制调节旋钮，用来调节其对应的 0～30 V 可调输出电源的最大输出电流（限流保护点调节）；标识

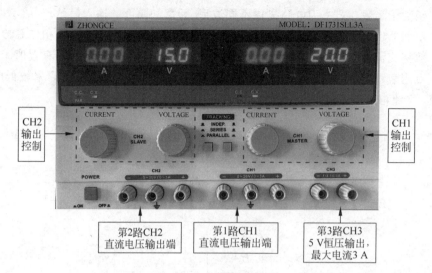

图 2.2.3　DF1731SLL3A 型直流稳压电源面板

为"VOLTAGE"的是输出电压调节旋钮,调节其对应的 0~30 V 可调输出电源的输出电压值。

(3) 电源面板中间的两个按键可将两路 0~30 V 可调输出端电压进行三种组合:左、右键均弹起,两路电源输出相互独立使用;左按键按下,右按键弹起,两路电源串联使用,输出电压由第二路的电流调节旋钮与电压调节旋钮控制;左、右按键均按下,可将两路电源并联使用。

(4) 电源面板下方的接线柱:接线柱上标有"+""-",分别为直流电压输出的正、负极;接线柱上标有"GND",表明该接线柱与机壳相连。

(5) 该电源内部设有保护电路,使每路输出均具有限流保护和短路保护功能,当外接负载短路或限流保护点调过小时,保护功能将工作,输出电压恒定在某一值不变,提醒使用者调节有关旋钮或及时排除电路故障。

**3. 直流稳压电源的使用注意事项**

(1) 直流稳压电源要防止输出短路或严重过载。当发现电压指示表头显示突然降为零或很低的数值(电流指示表头显示突然增大)时,表示输出电流过大或者电源输出被短路,应该断开所连接的电路并切断电源开关,查找、排除故障后再重新操作。

(2) 每次闭合直流稳压源电源开始测量时,输出电压应该从零开始调节。在实验过程中如需换接电路或变换仪表的量程,应该调节直流稳压电源上对应的"VOLTAGE"输出电压调节旋钮,使输出电压为零,然后断开电源、改接电路。

## 2.2.2　单相调压变压器

单相调压变压器简称调压器或自耦变压器,是实验室用来调节交流输出电压的常用设备。

普通调压器的初级输入接 220 V 交流电压,次级输出 0~250 V 的连续可调交流电压。使用时,通过调节调压器上手轮的位置来改变输出电压的大小。如图 2.2.4 所示为

TDGC2-1 kV·A 型单相调压器外形图及电路原理图。

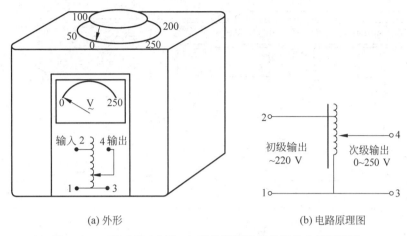

(a) 外形　　　　　　　　　　　(b) 电路原理图

图 2.2.4　TDGC2-1 kV·A 型单相调压器外形及电路原理图

单相调压变压器使用注意事项如下：

(1) 分清输入端(1、2)、输出端(3、4)。应将规定的电源电压接至调压器的初级即输入端，次级即输出端接负载电路；初级与次级决不能弄反，否则可能烧坏调压器及所连接的仪器设备。

(2) 调压器输入电压及输出电流不得超过额定值(调压器铭牌上有标称值)。

(3) 为了安全,电源中线(零线)应接在其输入与输出的公共端钮上(1、3)，初级的另一端(2)应与电源的相(火)线相连接(注意：在调压器内部已将初、次级的公共端钮 1 与 3 连在一起了)。

(4) 使用调压器要养成良好的习惯,每次调压都应该从零开始,逐渐增加,直到所需的电压值。因此,在接通电源前,调压器的手轮位置应在零位；每次使用后,也应随手将手轮调回零位,以免发生意外。

(5) 调压器上的刻度值、面板上电压表头的读数只能作为参考,输出实际电压值要用电压表测量。

## 2.2.3　函数信号发生器

函数信号发生器简称信号源,它可以根据需要输出正弦波、矩形波、三角波三种信号波形。通过输出衰减开关和幅度调节旋钮,可使输出电压大小在毫伏级到伏特级范围内连续调节。函数信号发生器的输出信号可以通过频率挡选择和频率微调旋钮进行细调。注意,函数信号发生器作为信号源,它的输出端不允许短路。

本节以 SP1641B 型函数信号发生器为例,详细说明其使用方法。

**1. 前面板各部分的名称和作用**

SP1641B 型函数信号发生器的前面板如图 2.2.5 所示。现对各部分简要介绍如下：

(1) 频率显示窗口：显示输出信号的频率或外测频信号的频率。

(2) 幅度显示窗口：显示函数输出信号的幅度。

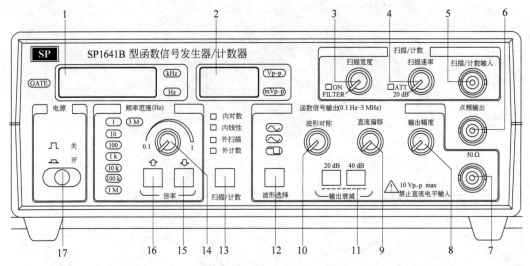

图 2.2.5　SP1641B 型函数信号发生器前面板示意图

(3) 扫描宽度调节旋钮：调节此电位器可调节扫频输出的频率范围。在外测频时，逆时针旋到底（绿灯亮），为外输入测量信号经过低通开关进入测量系统。

(4) 扫描速率调节旋钮：调节此电位器可以改变内扫描的时间长短。在外测频时，逆时针旋到底（绿灯亮），为外输入测量信号经过衰减"20 dB"进入测量系统。

(5) 扫描/计数输入插座：当扫描/计数按钮(13)选择在外扫描状态或外测频功能时，外扫描控制信号或外测频信号由此输入。

(6) 点频输出端：输出 100 Hz 标准正弦波信号，输出幅度为 $2\,V_{p\text{-}p}$（$V_{p\text{-}p}$ 表示周期性电压信号峰-峰值）。

(7) 函数信号输出端：输出多种波形受控的函数信号，输出幅度为 $20V_{p\text{-}p}$（1 MΩ 负载）或 $10\,V_{p\text{-}p}$（50 Ω 负载）。

(8) 函数信号输出幅度调节旋钮：调节范围为 0.2~20 V。

(9) 函数输出信号直流电平偏移调节旋钮：调节范围为 $-5\sim +5$ V（50 Ω 负载）或 $-10\sim +10$ V（1 MΩ 负载）。当电位器处在关位置时，则为 0 电平。

(10) 输出波形对称性调节旋钮：调节此旋钮可改变输出信号的对称性。当电位器处在关位置时，则输出对称信号。

(11) 函数信号输出幅度衰减开关："20 dB""40 dB"键均不按下，输出信号不经衰减，直接输出到插座口；"20 dB""40 dB"键分别按下，则可选择 20 dB 或 40 dB 衰减；"20 dB""40 dB"键同时按下，则为 60 dB 衰减。

(12) 函数输出波形选择按钮：可选择正弦波、三角波、脉冲波（矩形波）输出。

(13) 扫描/计数按钮：可选择多种扫描方式和外测频方式。

(14) 频率微调旋钮：调节此旋钮可微调输出信号的频率，调节基数范围从"＜0.1"到"＞1"。

(15) 倍率选择按钮(↓)：每按一次此按钮可递减输出频率的 1 个频段。

(16) 倍率选择按钮(↑)：每按一次此按钮可递增输出频率的 1 个频段。

(17) 整机电源开关：此键按下时，机内电源接通，整机工作；此键释放时，关闭整机电源。

## 2. 后面板说明

SP1641B 型函数信号发生器的后面板如图 2.2.6 所示。现对各部分简要介绍如下：

(1) 电源插座：交流市电 220 V 输入插座。内置熔断器的容量为 0.5 A。

(2) TTL/CMOS 电平调节：调节旋钮，"关"为输出 TTL 电平，"打开"则为输出 CMOS 电平，输出幅度可从 5 V 调节到 15 V。

(3) TTL/CMOS 输出插座：此插座输出 TTL/CMOS 电平信号。

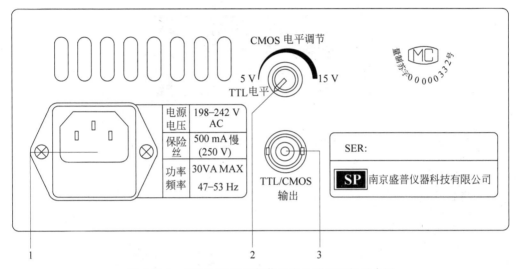

图 2.2.6  SP1641B 型函数信号发生器后面板示意图

## 3. 主函数信号输出的操作方法

(1) 由前面板插座(7)连接测试电缆(一般要接 50 Ω 匹配器)，输出函数信号。

(2) 由倍率选择按钮(15)或(16)选定输出函数信号的频段，由频率微调旋钮调整输出信号的频率，直到所需的工作频率值。

(3) 由波形选择按钮(12)选定输出函数波形的种类(正弦波、三角波或脉冲波)。

(4) 由信号输出幅度衰减开关(11)和输出幅度调节旋钮(8)选定和调节输出信号的幅度。

(5) 由信号直流电平调节旋钮(9)调整输出信号所携带的直流电平。

(6) 通过输出波形对称性调节器(10)可改变输出脉冲波的占空比。与此类似，输出波形为三角波或正弦波时，通过此调节器可使三角波调变为锯齿波，正弦波调变为正、负半周的峰值不对称的正弦波形，且可移相 180°。

## 4. TTL/CMOS 电平输出的操作方法

(1) 将 CMOS 电平调节旋钮置于所需位置，以获得所需的电平。

(2) 输出信号利用测试电缆(终端不加 50 Ω 匹配器)从后面板插座(3)输出。

## 2.2.4 交流毫伏表

交流毫伏表是用来测量正弦交流电压有效值的电子仪器。与一般交流电压表相比,交流毫伏表的量程多,频率范围宽,灵敏度高,适用范围更广;交流毫伏表的输入阻抗高,输入电容小,对被测电路影响小。因此,它在电子电路的测量中得到了广泛的应用。

本节以SP1930型数字交流毫伏表为例,介绍其使用方法。图2.2.7所示为其前面板示意图。现对各部分说明如下:

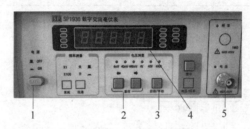

图 2.2.7　SP1930型数字交流毫伏表前面板示意图

(1) 电源开关。
(2) 量程选择旋钮。
(3) "自动/手动"量程选择方式。
(4) 电压显示窗口。
(5) 输入插座,即被测电压输入端。采用同轴电缆,其外层电线接公共电位端。

SP1930型数字交流毫伏表的使用方法及注意事项如下:

(1) 按下电源开关,接通电源。选择"自动/手动"量程方式,默认为自动选择量程。
(2) 正确读取电压显示窗口所显示电压值及单位。
(3) 注意事项:测量30 V以上的电压时,需注意安全,所测交流电压中的直流分量不得大于100V;该仪器只能测试正弦波的有效值,测试其他波形时,其测试结果只作参考。

## 2.2.5 示波器

### 1. 示波器简介

示波器是电子测量中常用的仪器,它可以将电信号的变化过程转换成可以直接观察的电压波形显示在示波器的屏幕上,从波形图上可以计算出被测信号的幅值(峰-峰值)、周期(频率)。如果示波器是双通道型,还可以同时观察两个通道同频率信号的相位差及脉冲宽度等。示波器的种类较多,按用途和特点可分为通用示波器和数字示波器。

数字示波器是以数字编码的形式来储存信号。当信号输入示波器时,在信号到达荧光屏的偏转电路之前,示波器将按一定的时间间隔对信号电压进行采样,然后用模/数(A/D)转换器将被测信号数字化,并写入数字存储器;在需要显示时再从存储器中读出,经过数/模(D/A)转换器还原成模拟信号,送到示波器的垂直偏转电路。为在荧光屏上显示被测信号的波形,水平偏转电路应加与时间成正比的扫描电压,扫描电压的数字量可以通过程序产生而且与其同步,所以显示的波形才比较稳定。

数字示波器与通用示波器相比较,可以看出数字示波器上观察到的波形总是由所采集到的数据重建的波形,而不是输入连接端上所加信号的立即波形显示;存储的数字信号可以利用计算机进行数字运算或数字信号处理。目前在高校电路实验室,数字示波器因存储与智能化测量功能的优点而得到广泛应用。下面以 DS1000Z-E 系列数字示波器为例,介绍其使用。

**2. DS1000Z-E 系列数字示波器**

DS1000Z-E 系列数字示波器是 RIGOL 公司生产的一款高性能、多功能的数字示波器。该系列示波器的前面板设计清晰直观,符合传统仪器的使用习惯,方便用户操作。测量时,用户可以直接使用 AUTO 键,即可快捷地获得适合的波形显示和挡位设置。

1) 前面板简介

DS1000Z-E 系列数字示波器的前面板如图 2.2.8 所示,前面板说明如表 2.2.1 所示。

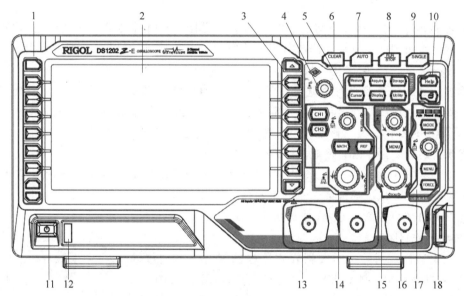

图 2.2.8　DS1000Z-E 系列数字示波器前面板示意图

表 2.2.1　前面板说明

| 编号 | 说　　明 | 编号 | 说　　明 |
| --- | --- | --- | --- |
| 1 | 测量菜单操作键 | 10 | 内置帮助/打印键 |
| 2 | 液晶显示屏(LCD) | 11 | 电源键 |
| 3 | 功能菜单操作键 | 12 | USB Host 接口 |
| 4 | 多功能旋钮 | 13 | 模拟通道输入 |
| 5 | 常用操作键 | 14 | 垂直控制区 |
| 6 | 全部清除键 | 15 | 水平控制区 |
| 7 | 波形自动显示 | 16 | 外部触发输入 |
| 8 | 运行/停止控制键 | 17 | 触发控制区 |
| 9 | 单次触发控制键 | 18 | 探头补偿信号输出端/接地端 |

(1) 前面板功能概述

① 垂直控制区

DS1000Z-E 系列数字示波器在垂直控制区有一系列按键、按钮,用于对示波器垂直方向的参数进行设置,如图 2.2.9 所示。

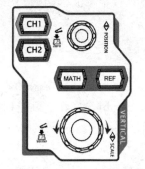

图 2.2.9 垂直控制区

**CH1、CH2**:模拟通道设置键。2 个通道标签用不同的颜色标识,并且屏幕中的波形和通道输入连接器的颜色也与之对应。按下任一按键打开相应通道菜单,再次按下则关闭通道。

**MATH**:按下 MATH 键可打开 A+B、A－B、A×B、A/B、FFT、A&&B、A||B、A^B、!A、Intg、Diff、Sqrt、Lg、Ln、Exp、Abs 和 Filter 运算功能菜单。按下 MATH 键还可以打开解码菜单,设置解码选项。

**REF**:按下该键打开参考波形功能,可将实测波形和参考波形进行比较。

**垂直 POSITION**:修改当前通道波形的垂直位移。顺时针转动该旋钮则增大位移,逆时针转动该旋钮则减小位移。修改过程中波形会上下移动,同时屏幕左下角弹出的位移信息(如 `POS: 216.0mV` )实时变化。按下该旋钮可快速地将垂直位移归零。

**垂直 SCALE**:修改当前通道的垂直挡位。顺时针转动该旋钮则减小挡位,逆时针转动该旋钮则增大挡位。修改过程中波形显示幅度会增大或减小,同时屏幕下方的挡位信息(如 `1= 200mV` )实时变化。按下该旋钮可快速切换垂直挡位调节方式为"粗调"或"微调"。

**提示**:如何设置各通道的垂直挡位和垂直位移?

DS1000Z-E 系列数字示波器的 2 个通道复用同一组**垂直 POSITION** 和**垂直 SCALE** 旋钮。如需设置某一通道的垂直挡位和垂直位移,请先按 CH1 或 CH2 键选中该通道,然后旋转**垂直 POSITION** 和**垂直 SCALE** 旋钮进行设置。

② 水平控制区

DS1000Z-E 系列数字示波器在水平控制区有一系列按键、按钮,可以通过该控制区域对水平系统进行设置,如图 2.2.10 所示。

图 2.2.10 水平控制区

**水平 POSITION**:修改水平位移。转动该旋钮时触发点相对屏幕中心左右移动。修改过程中,所有通道的波形左右移动,同时屏幕右上角的水平位移信息(如 `D -200.000000ns` )实时变化。按下该旋钮可快速复位水平位移(或延迟扫描位移)。

**MENU**:按下该键打开水平控制菜单。可打开或关闭延迟扫描功能,切换不同的时基模式。

**水平 SCALE**:修改水平时基。顺时针转动该旋钮则减小时基,逆时针转动该旋钮则增大时基。修改过程中,所有通道的波形被扩展或压缩显示,同时屏幕上方的时基信息(如 `H 500ns` )实时变化。按下该旋钮可快速切换至延迟扫描状态。

③ 触发控制区

DS1000Z-E 系列数字示波器的触发控制区包括一个旋钮、三个按键,如图 2.2.11 所示。

**MODE**：按下该键可切换触发方式为 Auto、Normal 或 Single。

**触发 LEVEL**：修改触发电平。顺时针转动该旋钮则增大电平,逆时针转动该旋钮则减小电平。修改过程中,触发电平线上下移动,同时屏幕左下角的触发电平消息框(如 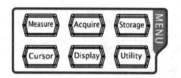)中的值实时变化。按下该旋钮可快速将触发电平恢复至零点。

**MENU**：按下该键打开触发操作菜单。

**FORCE**：按下该键将强制产生一个触发信号,主要应用于触发方式中的"普通"和"单次"模式。

④ 功能菜单

DS1000Z-E 系列数字示波器的功能菜单如图 2.2.12 所示,包括一系列按键。

图 2.2.11 触发控制区　　　　　图 2.2.12 功能菜单

**Measure**：按下该键进入测量设置菜单,可设置测量信源、打开或关闭频率计、全部测量、统计功能等。按下屏幕左侧的 MENU,可打开 37 种波形参数测量菜单,然后按下相应的菜单软键快速实现"一键"测量,测量结果将出现在屏幕底部。

**Acquire**：按下该键进入采样设置菜单,可设置示波器的获取方式和存储深度。

**Storage**：按下该键进入文件存储和调用界面。可存储的文件类型包括：图像存储、轨迹存储、波形存储、设置存储、CSV 存储和参数存储。支持内、外部存储和磁盘管理。

**Cursor**：按下该键进入光标测量菜单。示波器提供手动测量、追踪测量、自动测量和 XY 测量等模式。其中,XY 模式仅在时基模式为"XY"时有效。

**Display**：按下该键进入显示设置菜单,可设置波形显示类型、余辉时间、波形亮度、屏幕网格和网格亮度。

**Utility**：按下该键进入系统功能设置菜单,可设置系统相关功能或参数,例如接口、声音、语言等。此外,还支持一些高级功能,例如通过/失败测试、波形录制等。

⑤ 其他按键

**全部清除**：按下该键清除屏幕上所有的波形。如果示波器处于运行(RUN)状态,则继续显示新波形。

**波形自动显示**：按下该键启用波形自动设置功能。示波器将根据输入信号自动调整垂直挡位、水平时基以及触发方式,使波形显示达到最佳状态。注意：应用波形自动设置功能时,若被测信号为正弦波,要求其频率不小于 41 Hz;若被测信号为矩形波,则要求其占空比大于 1% 且波形峰-峰值不小于 20 $mV_{p-p}$。如果不满足此参数条件,则波形自动设置功能可能无效,且菜单显示的快速参数测量功能不可用。

运行控制:按下该键"运行"或"停止"波形采样。运行(RUN)状态下,该键黄色背光灯点亮;停止(STOP)状态下,该键红色背光灯点亮。

单次触发:按下该键将示波器的触发方式设置为"Single"。单次触发方式下,按 FORCE 键立即产生一个触发信号。

多功能旋钮:非菜单操作时,转动该旋钮可调整波形显示的亮度。亮度可调节范围为 0%~100%。顺时针转动该旋钮则增大波形亮度,逆时针转动该旋钮则减小波形亮度。按下该旋钮,将波形亮度恢复至 60%。菜单操作时,该旋钮背光灯变亮,按下某个菜单软键后,转动该旋钮可选择该菜单下的子菜单,然后按下该旋钮可选中当前选择的子菜单。该旋钮还可以用于修改参数、输入文件名等。

2) 用户界面

如图 2.2.13 所示 DS1000Z-E 系列数字示波器提供 7.0 英寸(in,1 in=2.54 cm)、分辨率 800×480 的 LCD 用户界面。用户界面各参数功能说明如下:

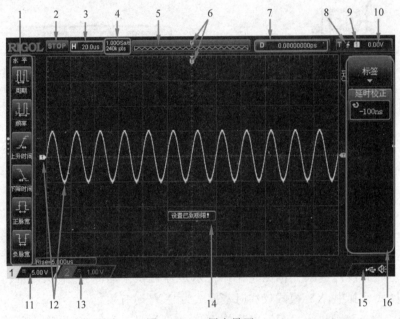

图 2.2.13 用户界面

(1) 自动测量选项:提供 20 种水平(HORIZONTAL)测量参数和 17 种垂直(VERTICAL)测量参数。按下屏幕左侧的软键即可打开相应的测量项。连续按下 MENU 键,可切换水平和垂直测量参数。

(2) 运行状态:可能的状态包括 RUN(运行)、STOP(停止)、T'D(已触发)、WAIT(等待)和 AUTO(自动)。

(3) 水平时基:表示屏幕水平轴上每格所代表的时间长度。使用**水平 SCALE** 可以修改该参数,可设置范围为 2 ns~50 s。

(4) 采样率/存储深度：显示当前示波器使用的采样率以及存储深度。采样率和存储深度会随着水平时基的变化而改变。

(5) 波形存储器：提供当前屏幕中的波形在存储器中的位置示意图，如图2.2.14所示。

图 2.2.14　波形在存储器的位置示意图

(6) 触发位置：显示波形存储器和屏幕中波形的触发位置。

(7) 水平位移：使用**水平 POSITION** 可以调节该参数。按下旋钮时参数自动设置为0。

(8) 触发类型：显示当前选择的触发类型及触发条件设置。选择不同的触发类型时显示不同的标识。例如，▲ 表示在"边沿触发"的上升沿处触发。

(9) 触发源：显示当前选择的触发源(CH1、CH2、AC 或 EXT)。选择不同的触发源时显示不同的标识，并改变触发参数区的颜色。

(10) 触发电平：触发信源选择模拟通道时，需要设置合适的触发电平。屏幕右侧的 ▥ 为触发电平标记，右上角为触发电平值。使用**触发 LEVEL** 修改触发电平时，触发电平值会随 ▥ 的上下移动而改变。

(11) CH1 垂直挡位：显示屏幕垂直方向 CH1 每格波形所代表的电压。按 CH1 选中 CH1 通道后，使用**垂直 SCALE** 可以修改该参数。此外，还会根据当前的通道设置给出如下标记：通道耦合(如 ▥ )、带宽限制(如 ▥ )。

(12) 模拟通道标签/波形：不同通道用不同的颜色表示，通道标签和波形的颜色一致。

(13) CH2 垂直挡位：显示屏幕垂直方向 CH2 每格波形所代表的电压。按 CH2 选中 CH2 通道后，使用**垂直 SCALE** 可以修改该参数。

(14) 消息框：显示提示消息。

(15) 通知区域：显示声音图标和 U 盘图标。

(16) 操作菜单：按下任一软键可激活相应的菜单。

3) DS1000Z-E 系列数字示波器的使用方法

数字示波器的使用步骤如下：

(1) 接线。将待测电路的信号输入数字示波器的输入端口，可以使用探针或者夹子等工具进行连接。连接前，需要确认电路的工作电压和频率等参数，选择合适的输入端口和输入模式。

(2) 设置。接线完成后，需要进行示波器的设置，包括触发模式、触发电平、采样率、时间基准等。触发模式包括自动触发和单次触发等，触发电平用于设置触发波形的电平位置，采样率用于设置采样的速度，时间基准用于设置时间轴的基准刻度。

(3) 观测。设置完成后，可观测波形信号。数字示波器可以显示多个信号，通过选择不同的通道和触发条件可以观测不同的波形信号。观测过程中，可以进行缩放、平移、标记等操作，方便进行信号分析和比较。

(4) 保存数据。如果需要保存数据，可以通过示波器的存储功能将波形信号存储到示波器内部的存储器中,也可以通过示波器的输出端口将波形信号输出到外部设备进行存储、分析和打印。

数字示波器的使用注意事项如下：

(1) 接线前需要确认电路的工作电压和频率等参数,选择合适的输入端口和输入模式,避免损坏示波器。

(2) 触发电平需要根据电路信号的特点进行设置,避免无法触发或者触发不稳定等情况。

(3) 采样率需要根据信号频率进行设置,过低的采样率会导致失真和误差,过高的采样率会影响示波器的响应速度和波形显示的稳定性。

(4) 观测过程中,需要注意波形的稳定性和准确性,可以通过调整触发条件和采样率来保证波形的清晰度和稳定性。

(5) 保存数据时,需要确认存储器的容量和存储格式,避免数据丢失或者格式不兼容等情况。

(6) 使用数字示波器时需要注意安全,避免接触高电压或者高频信号,以及避免电路短路或者过载等情况。

# 实验数据基本知识

## 3.1 测量误差及误差分析

任何电工测量仪表,无论其制造工艺如何先进,质量多高,仪表的测量结果与真实值之间总存在着一定的差值,我们把测量结果与真实值之差叫作测量误差。

### 3.1.1 误差的来源和分类

#### 1. 误差的来源

在测量过程中,由于受到测量仪器精度、测量方法、环境条件或测量者能力等因素的影响,测量结果和待测量的真值之间总存在一定差别,即测量误差。

测量误差的来源主要有以下几种。

1) 仪器误差

仪器误差是由于仪器本身的电气或机械性能不良所产生的误差,如校准误差、刻度误差等。消除或减少仪器误差的方法是:事先对仪器进行校准,根据精度高的仪器确定修正值,在测量过程中根据修正值加入适当的补偿来抵消仪器误差。

2) 方法误差

方法误差又称理论误差,是由于使用的测量方法不完善、理论依据不严密、采用不适当的简化和近似公式等所产生的误差。例如,用伏安法测量电阻时,若直接用电压指示值与电流指示值之比作为测量结果,而不计算电表本身内阻的影响,就可能引起此误差。

3) 使用误差

使用误差又称操作误差,是在使用仪器的过程中,由于安装、调节、布置不当或使用不正确等所引起的误差。测量者应严格按照操作规程使用仪器,提高实验技巧和对各种仪器的操作能力。

4) 人为误差

人为误差是由于测量者本身的原因,如测量者的眼睛分辨能力、读数习惯等所引起的误差。

5) 环境误差

环境误差是指实验由于受到温度、湿度、大气压、电磁场、机械振动、光照等影响所产生的附加误差。

**2. 误差的分类**

根据测量误差的性质及产生的原因,可分为系统误差、随机误差和粗大误差三种。

1) 系统误差

系统误差是指在相同条件下重复测量同一参数值时,误差的大小和符号保持不变,或按照一定规律变化的误差。

系统误差产生的原因主要有:测量仪器本身不完善或不准确;测量时的环境条件和仪器要求的环境条件不一致;测量者读数误差;等等。

系统误差一般可通过实验或分析方法,查明其变化规律及产生原因,因此这种误差是可以预测的,也是可以减小或消除的。

2) 随机误差

随机误差是指在相同条件下重复测量同一参数值时,误差的大小和符号是无规律变化的误差。

随机误差不能用实验的方法消除。但可以在多次重复测量时,根据随机误差的统计规律了解其分布特性,对其大小及测量结果的可靠性进行估计,或通过多次重复测量,取其平均值来减少随机误差。

3) 粗大误差

粗大误差是指在一定测量条件下,由于测量者对仪器不了解或粗心而导致读数不正确,使其测量值远远偏离实际值时所对应的误差。粗大误差的特点:误差大小明显超过正常测量条件下的系统误差和随机误差。含有粗大误差的测量值为坏值,需要将其从测量数据中剔除。

## 3.1.2 误差的表示方法

误差可以用绝对误差和相对误差来表示。

**1. 绝对误差**

设被测量的真值为 $X_0$,测量仪器的示值为 $X$,则绝对误差为

$$\Delta X = X - X_0 \tag{3.1.1}$$

被测量的真值虽然是客观存在的,但一般无法测得,只能尽量逼近它。通常用高一级标准仪表测量的示值来代替真值。

**2. 相对误差**

绝对误差的大小往往不能确切地反映被测量的准确程度。工程上,常采用相对误差来比较测量结果的准确程度。

相对误差又分为实际相对误差、示值相对误差和引用(或满度)相对误差。

1) 实际相对误差

实际相对误差 $\gamma_0$ 是绝对误差 $\Delta X$ 与被测量的真值 $X_0$ 之比,即

$$\gamma_0 = \frac{\Delta X}{X_0} \times 100\% \tag{3.1.2}$$

2) 示值相对误差

示值相对误差 $\gamma_X$ 是绝对误差 $\Delta X$ 与测量仪器的示值 $X$ 之比,即

$$\gamma_X = \frac{\Delta X}{X} \times 100\% \tag{3.1.3}$$

3) 引用(或满度)相对误差

引用(或满度)相对误差简称满度误差。满度误差 $\gamma_m$ 是绝对误差 $\Delta X$ 与测量仪器某一量程的满刻度值 $X_m$ 之比,即

$$\gamma_m = \frac{\Delta X}{X_m} \times 100\% \tag{3.1.4}$$

满度误差是电工测量中应用最多的表示方法。我国电工仪表的准确度就是按满度误差来规定等级的。

## 3.2 实验数据的读取、记录与处理

在实验中,通过各种仪器观察得到的数据和波形是分析实验结果的主要依据。直接观察仪器显示得到的数据称为原始数据,经过分析、计算、综合后用来反映实验结果的数据称为结论数据。原始数据很重要,读取、记录原始数据时,方法和读数应正确。

### 3.2.1 实验数据的读取

仪器显示的测量结果有指针指示、数字显示和波形显示三种方式。使用不同显示方式的仪器进行测量时,应采用正确的数据读取方法,以减小读数误差。

1) 指针指示式仪器的数据读取

读取指针指示式仪器的数据时,首先要确定表盘刻度线上各分度线所表示的刻度值,然后根据指针所指示的位置进行读数。当指针指在刻度上两条分度线之间时,需要估读一个近似的读数。使用指针指示式仪器时,应根据测量值的大小合理地选用量程,以减小误差。

2) 数字显示式仪器的数据读取

数字显示式仪器是靠发光二极管显示屏、液晶显示屏或数码管显示屏来直接显示测量结果的。使用数字式显示仪器,可以直接读取数据,有的仪器还可以显示测量单位。使用数字式显示仪器读取的数据比较准确。使用数字显示式仪器时,应根据测量值的大小合理地选用量程,尽可能多地显示测量的有效数字,以提高测量精度。

3) 波形显示式仪器的数据读取

波形显示式仪器可将被测量的波形直观地显示在荧光屏上,根据波形即可读出被测量的相关数据。波形显示式仪器数据读取方法:先根据灵敏度旋钮分别确定在 $X$ 轴、$Y$ 轴方向每一坐标格所代表的值,然后根据波形在 $X$ 轴、$Y$ 轴方向所占的格数计算出相关数据。使用波形显示式仪器时,首先应调整好仪器的"亮度"和"聚焦",使显示出的波形细而清晰,以便准确地读数。

### 3.2.2 实验数据的记录

实验数据的正确记录很重要。记录的实验数据都应注明单位,必要时需要记下测量

条件。

实验过程中,所测量的结果都是近似值,这些近似值通常用有效数字的形式表示。有效数字是指从数据左边第一个非零数字开始直到右边最后一个数字所包含的数字。右边最后一位数字通常是在测量时估读出来的,称为欠准数字,其左边的各位有效数字都是准确数字。

记录数据时,应只保留1位欠准确数字。欠准确数字和准确数字都是有效数字,对测量结果都是不可缺少的。

### 3.2.3 实验数据的处理

实验结果可以用数字、列表格或曲线来表示。

1) 有效数字的处理

对于测量或通过计算获得的数据,在规定精度范围外的数字,一般都应按照"四舍五入"的规则进行处理。

当测量结果需要进行中间运算时,其运算应遵循有效数字的运算规则。有效数字的取舍,原则上取决于参与运算的各数中精度最差的那一项。

2) 列表格

将实验过程中直接测量、间接测量和计算过程中的数据按一定的形式和顺序列成表格表示,便于比较分析,容易发现问题,找出各电量之间的相互关系以及变化规律。

表格的设计要便于记录、计算和检查;表中所用符号、单位要表达清楚;表中所列数据要有序排列(如由小到大排列)。

3) 曲线的绘制

在电路实验中,常用曲线来表示输出信号随输入信号连续变化的规律,如 $RC$ 网络频率特性实验中输出信号随频率变化的规律。

根据测量数据进行曲线绘制时需要注意以下几点:

(1) 合理选择坐标系。最常用的是直角坐标系,自变量用横轴($X$ 轴)表示,因变量用纵轴($Y$ 轴)表示。

(2) 合理选择坐标分度,标明坐标轴的名称和单位。纵轴和横轴的分度不一定取一样,应根据具体情况适当选择,其原则是既能反映曲线的变化特征,便于分析,又不至于产生错觉。

(3) 合理选择测量点。通常自变量和因变量的最小值与最大值点都必须测量出来,在曲线变化剧烈的区域多取几个测量点,在曲线平坦的区域则可以少取几个测量点。

(4) 正确拟合曲线。根据各测量点的位置,用平滑的直线或适当的曲线将各测量点连接起来。由于测量数据本身存在测量误差,因此在拟合曲线时并不要求所有的测量点要在曲线上,但要求曲线比较平滑且尽可能地靠近各测量点,使测量点均匀地分布在曲线的两边。

# 第 4 章

# 电路实验内容

## 4.1 电路元件的伏安特性

### 4.1.1 预习要求

(1) 掌握电流表和电压表的正确使用方法及注意事项。
(2) 了解线性元件和非线性元件的伏安特性的区别及其测定方法。
(3) 了解电压源伏安特性的测定方法。

### 4.1.2 实验目的

(1) 掌握元件伏安特性的测量方法。
(2) 掌握由于仪表内阻引起的测量误差及减小测量误差的方法。
(3) 能够绘制电路元件伏安特性曲线。

### 4.1.3 实验原理

**1. 元件伏安特性的测量**

欧姆定律是测量元件伏安特性的理论依据。如图 4.1.1 所示,电阻两端的电压为 $U$,流过电阻的电流为 $I$,在关联参考方向的前提下,电阻 $R = \dfrac{U}{I}$。因此,可使用电压表并联在未知电阻两侧,测量该电阻两端的电压大小;使用电流表串联在该电阻所在支路,测量流过该电阻的电流大小。通过欧姆定律,获得未知电阻的阻值大小。

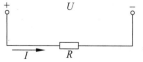

图 4.1.1 二端元件伏安特性

由于在实际测量中,电流表的内阻不为零,电压表的内阻不为无穷大,因此当测量仪表接入电路中时,总会使原电路发生改变,引起测量的误差。这种由于测量方法不完善引起的误差称为方法误差。方法误差是不可避免的,只能根据被测元件电阻的大小选择适当的测量电路,从而减小方法误差。测量电路有两种连接方式:电流表内接法和电流表外接法。

1) 电流表内接法

测量电路如图 4.1.2 所示,从电源端看,电流表接在电压表并联电路之内,故称内接法。在电流表内接的测量电路中,电压表所测的电压 $U$ 包括电流表内阻 $R_A$ 上的电压降,所

产生的相对误差为

$$\gamma_A = \frac{R_A}{R} \times 100\% \tag{4.1.1}$$

式中,$R_A$ 为电流表的内阻;$R$ 为被测电阻。

由此可见,当 $R \gg R_A$ 时,其相对误差就很小,所以电流表内接法一般适用于被测电阻 $R$ 较大的情况。

2) 电流表外接法

测量电路如图4.1.3所示。由于电压表内阻不是无穷大,因此电流表测量的电流 $I$ 包含了电压表中流过的电流,此测量方法所产生的相对误差为

$$\gamma_V = \frac{R}{R + R_V} \times 100\% \tag{4.1.2}$$

式中,$R_V$ 为电压表的内阻。

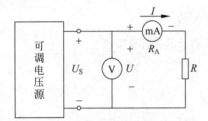

图 4.1.2　电流表内接法的测量电路

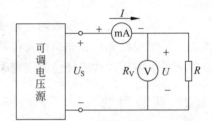

图 4.1.3　电流表外接法的测量电路

由此可见,当 $R \ll R_V$ 时,其相对误差就很小,所以电流表外接法适宜测量阻值较小的电阻。

## 2. 电路元件的伏安特性曲线

任何一个二端元件,其两端的电压 $U$ 和流过元件的电流 $I$ 之间的函数关系称为元件的伏安特性,用 $I = f(U)$ 来表示。在 $UOI$ 坐标平面上表示元件伏安特性的曲线称为元件的伏安特性曲线。

线性元件的伏安特性曲线是一条通过坐标原点的直线,如图4.1.4(a)所示;非线性元件的伏安特性曲线不是一条直线,如图4.1.4(b)所示。

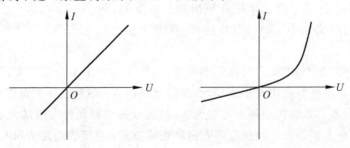

(a) 线性元件的伏安特性曲线　　　　(b) 非线性元件的伏安特性曲线

图 4.1.4　电路元件的伏安特性曲线

### 3. 电压源的伏安特性

理想电压源的端电压是给定值或者给定的时间函数,无论流过其两端的电流大小如何,其端电压都将保持规定值,其伏安特性曲线如图 4.1.5(a)所示。实际电源可以用电压源电动势 $U_S$ 和电阻 $R_S$ 的串联组合电路模拟,其电路模型和伏安特性曲线分别如图 4.1.5(b)、(c)所示。随着输出电流的增加,电源端输出电压逐渐降低。

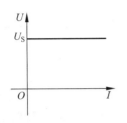
(a) 理想电压源的伏安特性曲线

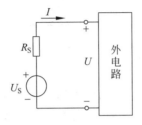
(b) 实际电压源电路模型

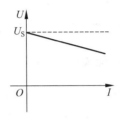
(c) 实际电压源的伏安特性曲线

图 4.1.5 电压源的伏安特性

## 4.1.4 实验任务

### 1. 测量线性电阻 $R=200\ \Omega$ 的伏安特性

实验时,直流电流表选用 100 mA 量程,直流电压表选用 20V 量程。分别采用图 4.1.2 和图 4.1.3 所示的实验电路,调节电压源 $U_S$ 的大小,测量电路中对应的电压和电流,计算电阻的测量值。数据记录如表 4.1.1 所示,在方格纸上作出该电阻的伏安特性曲线 $I=f(U)$。

以 200 Ω 作为真值,计算采用电流表内接法和电流表外接法测量的相对误差 $\gamma$。

表 4.1.1 线性电阻的伏安特性测量数据

| | 电流 $I$/mA | 90 | 70 | 50 | 30 | 10 | 0 |
|---|---|---|---|---|---|---|---|
| 电流表内接法 | $U$/V | | | | | | 0 |
| | $\left(R=\dfrac{U}{I}\right)R/\Omega$ | | | | | | |
| | (平均值)$\bar{R}/\Omega$ | | | | | | |
| 电流表外接法 | $U$/V | | | | | | 0 |
| | $\left(R=\dfrac{U}{I}\right)R/\Omega$ | | | | | | |
| | (平均值)$\bar{R}/\Omega$ | | | | | | |

### 2. 测量 24 V/8 W 白炽灯的伏安特性

实验时,根据被测量的大小自己选择直流电压表、直流电流表的量程。实验数据填入表 4.1.2 中,且在方格纸中作出非线性元件的伏安特性曲线。

表 4.1.2　非线性元件的伏安特性测量数据

| 电压 $U/V$ | | 25 | 20 | 15 | 10 | 5 | 0 |
|---|---|---|---|---|---|---|---|
| 电流表内接法 | $I/\text{mA}$ | | | | | | 0 |
| | $\left(R=\dfrac{U}{I}\right)R/\Omega$ | | | | | | |
| 电流表外接法 | $I/\text{mA}$ | | | | | | 0 |
| | $\left(R=\dfrac{U}{I}\right)R/\Omega$ | | | | | | |

### 3. 测量电压源的伏安特性

由于直流稳压电源的内阻很小，它与外电路电阻相比，在内阻可以忽略不计的情况下，其输出电压基本维持不变。因此，实验中将直流稳压电源视为理想电压源。测试电路如图 4.1.6 所示。

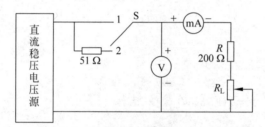

图 4.1.6　电压源的伏安特性测量电路

当开关 S 置"1"时，模拟研究理想电压源的伏安特性；当开关 S 置"2"时，模拟研究实际电压源的伏安特性。将测量数据结果记入表 4.1.3 中，且作出电压源的伏安特性曲线。

表 4.1.3　电压源的伏安特性测量数据

| S 置"1" | $I/\text{mA}$ | 0 | 20 | 30 | 40 |
|---|---|---|---|---|---|
| | $U/V$ | 15 | | | |
| S 置"2" | $I/\text{mA}$ | 0 | | | |
| | $U/V$ | 15 | | | |

提示：直流稳压电源输出电压的大小应以电压表测量的数值为准。

## 4.1.5　注意事项

(1) 测试时各仪器应选择合适的量程，采用正确的连接方式接入测量电路中。

(2) 测试电压源的伏安特性时，负载电流不允许超过直流稳压电源的额定输出电流，否则会因电源过载保护而无法进行实验，也可能会烧坏稳压电源或元件。

## 4.1.6　实验报告要求与思考题

(1) 整理实验数据，将测量数据填入相应表格，分析实验结果产生误差的原因。

(2) 根据测试数据分别绘制线性电阻、非线性电阻和电压源的伏安特性曲线。
(3) 比较各种电阻测量方法的适用条件。
(4) 分析并总结实验过程中遇到的问题。
(5) 回答以下思考题。

① 若直流电流表的量程为 1 mA,内阻为 50 Ω;直流电压表的量程为 20 V,内阻为 100 kΩ。欲测量一只阻值约为 20 kΩ 电阻的大小,应采用电流表内接法还是外接法?为什么?

② 测量实际电压源的伏安特性时,为什么要用一只电阻与稳压电源串联来进行模拟?

### 4.1.7　实验仪器及设备

(1) DGL-I 型电工实验板。
(2) 直流稳压电源。
(3) 数字万用表。
(4) 直流毫安表。
(5) 滑线变阻器。

## 4.2　基尔霍夫定律的验证

### 4.2.1　预习要求

(1) 掌握电流、电压实际方向和参考方向的概念,以及电流、电压参考方向的表示方法。
(2) 按图 4.2.3 所示实验电路和参数,理论计算流过各电阻的电流值和电阻两端电压值,填入表 4.2.1 中,并在预习报告中写出详细的计算步骤。

表 4.2.1　各电阻的电压、电流理论计算值

| 电压 | $U_1$ | $U_2$ | $U_3$ | $U_4$ |
| --- | --- | --- | --- | --- |
| 计算值/V | | | | |
| 电流 | $I_{ac}$ | $I_{ab}$ | $I_{bc}$ | $I_{cd}$ |
| 计算值/A | | | | |

(3) 了解电位和电压的概念,理解电路中电位的相对性和电压的绝对性。

### 4.2.2　实验目的

(1) 加深对基尔霍夫定律的理解,并通过实验进行验证。
(2) 掌握电路中电流、电压参考方向的概念,以及仪表测量值正、负号的含义。
(3) 理解电路中电位的相对性和电压的绝对性。

### 4.2.3　实验原理

**1. 电压和电流的参考方向**

参考方向是分析电路前任意指定的,因而所选的参考方向并不一定就是电流(或电压)

的实际方向。电路中只有确定了参考方向,电流(或电压)的正、负值才有意义。若电流或电压的实际方向与参考方向一致,则为正值;若电流或电压的实际方向与参考方向相反,则为负值。

电流参考方向在电路中一般可用箭头或双下标来表示;电压参考方向可用正(+)、负(-)极性,箭头或双下标来表示。

### 2. 基尔霍夫定律

基尔霍夫定律是电路理论中最基本的定律,包括电流定律和电压定律。

1) 基尔霍夫电流定律(KCL)

KCL:在集总电路中,任何时刻对任一节点,连接于该节点的所有支路电流的代数和恒等于零,即 $\sum_i I_i = 0$。

如图 4.2.1 所示,电路中某节点 N 有 5 条支路与它相连,各支路电流的参考方向如图所示,由 KCL 可得

$$\sum_i I_i = -I_1 + I_2 - I_3 - I_4 + I_5 = 0$$

式中,设定电流的参考方向为流入节点的取"+",流出节点的取"-"。

测量时,直流电流表按照参考方向接入,即电流表正极为电流流入端,负极为电流流出端。若指针正偏,说明电流实际方向与参考方向相同,数据记录为正值;若指针反偏,说明电流实际方向与参考方向相反,则应将电流表正、负极接线交换后测量数据,并记为负值。

2) 基尔霍夫电压定律(KVL)

KVL:在集总电路中,任何时刻沿任一回路,构成该回路的所有支路的电压的代数和恒等于零,即沿任一回路,有 $\sum_i U_i = 0$。

如图 4.2.2 所示,在回路 ABCDA 中,绕行方向和各电压参考方向如图中所示,现设定电压参考方向与绕行方向一致取正号,相反取负号,则可列出 KVL 方程如下:

$$\sum_i U_i = U_1 - U_2 - U_3 + U_4 = 0$$

使用数字万用表测量直流电压时,按照电压参考方向接入,即万用表红笔棒接电压正极端,黑笔棒接电压负极端。若测量值为正值,说明电压实际方向与参考方向相同,数据记为正值;若为负值,说明电压实际方向与参考方向相反,数据记为负值。

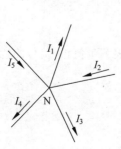
图 4.2.1 节点支路

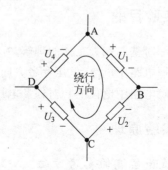
图 4.2.2 回路

### 3. 电位和电压的概念

在电路中,电位是一个相对的概念,它是相对于参考点而言的。在计算和测量电路中的电位时,必须先选定一个参考点(只能有一个),且规定该参考点的电位为零,则电路中其他各节点的电位就是该点与参考点之间的电压。参考点可以任意选定,一旦参考点选定以后,各点的电位具有唯一的、确定的值。若参考点的选择不同,则各点的电位也会不同,这就是电位的相对性。

而电压是指任意两点之间的电位差,它不会因参考点选择的不同而改变,是一个绝对值的概念。

## 4.2.4 实验任务

按图4.2.3所示的实验电路搭接线路,其中电阻取值如下:$R_1 = 100\ \Omega$,$R_2 = 200\ \Omega$,$R_3 = 150\ \Omega$,$R_4 = 51\ \Omega$。电压源取值如下:$U_{S1} = 15\ V$,$U_{S2} = 20\ V$。电压参考方向如图中所标示,而电流参考方向取与电压参考方向相关联的方向。

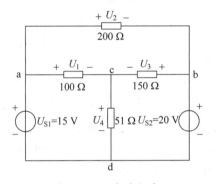

图4.2.3 实验电路

### 1. 基尔霍夫定律的验证(必做)

按照图4.2.3所示电压参考方向,测量各电阻两端的电压,将数据填入表4.2.2中。

表4.2.2 各电阻电压、电流的测量数据

| 电压 | $U_1$ | $U_2$ | $U_3$ | $U_4$ |
| --- | --- | --- | --- | --- |
| 测量值/V |  |  |  |  |
| 电流 | $I_{ac}$ | $I_{ab}$ | $I_{bc}$ | $I_{cd}$ |
| 计算值$\left(I = \dfrac{U}{R}\right) I/\mathrm{A}$ |  |  |  |  |

按电压测量值,分别验算 acda、bcdb、abca 回路的 KVL;按各支路电流值,以点 c 为节点,验算 KCL,并讨论测量误差是否合理。

**2. 验证电位的相对性和电压的绝对性(选做)**

以节点 d 为参考点,分别测量 a、b、c 点的电位及其相邻两点之间的电压;以节点 c 为参考点,分别测量 a、b、d 点的电位及相邻两点之间的电压,将数据填入表 4.2.3 中。

表 4.2.3　电位与电压的测量数据

| 电位与电压/V | $U_a$ | $U_b$ | $U_c$ | $U_d$ | $U_{ac}$ | $U_{ab}$ | $U_{bc}$ | $U_{cd}$ |
|---|---|---|---|---|---|---|---|---|
| 以 d 为参考点 | | | | 0 | | | | |
| 以 c 为参考点 | | | 0 | | | | | |

根据上面的测量数据,叙述电位的相对性和电压的绝对性。

### 4.2.5　注意事项

(1) 测量电压时,注意直流电压表的红笔棒应放置在电压参考"＋"方向上,黑笔棒应放置在电压参考"－"方向上。若直流电压表显示正值,则表明电压实际方向与参考方向一致;若直流电压表显示负值,则表明电压实际方向与参考方向相反。

(2) 测量电位时,注意直流电压表的黑笔棒接电路中的参考电位点,红笔棒接被测试的各节点。若直流电压表显示正值,则表明该点电位高于参考点电位;若直流电压表显示负值,则表明该点电位低于参考点电位。

### 4.2.6　实验报告要求与思考题

(1) 整理实验数据,将测量数据填入相应表格,验证基尔霍夫定律的正确性。

(2) 将理论计算值与实际所测值相比较,分析误差产生的原因。

(3) 分析并总结实验过程中遇到的问题。

(4) 回答以下思考题。

① 在验证 KVL 的过程中,每条支路的电压测量都可能产生误差 $\Delta X_m$,在通过加减运算后,可能产生总的最大误差为各项 $\Delta X_m$ 之和。请以此来判别实验结果的误差是否合理(实验中仪表的准确度等级为 0.5 级,电压表的量程为 20 V)。

② 电位参考点不同,各节点电位是否相同?任意两点的电压是否相同?为什么?

### 4.2.7　实验仪器及设备

(1) DGL-I 型电工实验板。

(2) 直流稳压电源。

(3) 数字万用表。

## 4.3　叠加定理的验证

### 4.3.1　预习要求

(1) 在标定的参考方向下,掌握电路正确接入测量仪表的方法以及测量值正、负号的含义。

(2) 应用电路定理分别计算图 4.2.3 所示实验电路在 $U_{S1}$ 单独作用、$U_{S2}$ 单独作用以及 $U_{S1}$ 和 $U_{S2}$ 同时作用时各个电阻两端的电压值,填入表 4.3.1 中,并在预习报告中写出详细的计算步骤。

表 4.3.1  各电阻电压的理论计算值

| 电压计算值 | $U_1/\text{V}$ | $U_2/\text{V}$ | $U_3/\text{V}$ | $U_4/\text{V}$ |
|---|---|---|---|---|
| $U_{S1}$ 单独作用 | | | | |
| $U_{S2}$ 单独作用 | | | | |
| $U_{S1}$ 和 $U_{S2}$ 同时作用 | | | | |

### 4.3.2  实验目的

(1) 加深对叠加定理的理解,并通过实验加以验证。
(2) 进一步掌握测量仪表的使用方法以及实际线路的搭接。
(3) 加深对参考方向与实际方向关系的理解。

### 4.3.3  实验原理

叠加定理是线性电路的一个重要定理。叠加定理指出:在线性电路中,任一支路电流或任意两点间的电压都是电路中各个独立电源单独作用时在该支路中产生的电流或在该两点间产生的电压之代数和。

在应用叠加定理时,不能改变电路的结构。电路中某一独立电源单独作用时,其余不作用的理想电压源,可用短路线来代替,即 $U_S=0$;不作用的理想电流源,可用开路代替,即 $I_S=0$。

以电路中 51 Ω 电阻两端电压 $U_4$ 为例,应用叠加定理的电路示意图如图 4.3.1 所示。

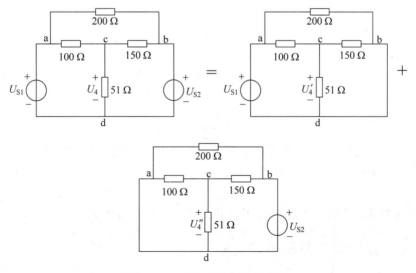

图 4.3.1  叠加定理电路示意图

### 4.3.4 实验任务

调节直流稳压源 $U_{S1}=15$ V,$U_{S2}=20$ V,并用电压表校准好。调好之后,请关闭待用。

(1) 电压源 $U_{S1}$ 和 $U_{S2}$ 共同作用时,测量电路如图 4.3.2 所示,按表 4.3.2 测量各支路电压。

(2) 电压源 $U_{S1}$ 单独作用时,测量电路如图 4.3.2 所示,按表 4.3.2 测量各支路电压。

**注意**:电压源 $U_{S1}$ 单独作用时,断开电压源 $U_{S2}$ 两端、所在的支路使用短路线代替,千万不要直接将电压源 $U_{S2}$ 短路。

(3) 电压源 $U_{S2}$ 单独作用时,测量电路如图 4.3.3 所示,按表 4.3.2 测量各支路电压。

**注意**:电压源 $U_{S2}$ 单独作用时,断开电压源 $U_{S1}$ 两端、所在的支路使用短路线代替,千万不要直接将电压源 $U_{S1}$ 短路。

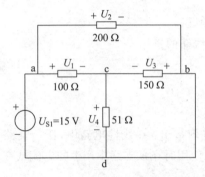 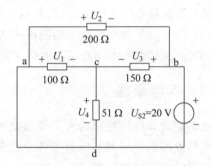

图 4.3.2 $U_{S1}$ 单独作用时的实验电路　　　图 4.3.3 $U_{S2}$ 单独作用时的实验电路

表 4.3.2 叠加定理的测量数据

| 测量值 | $U_1$/V | $U_2$/V | $U_3$/V | $U_4$/V |
| --- | --- | --- | --- | --- |
| $U_{S1}$ 单独作用 | | | | |
| $U_{S2}$ 单独作用 | | | | |
| $U_{S1}$ 和 $U_{S2}$ 同时作用 | | | | |

### 4.3.5 注意事项

(1) 每次改接电路时,务必首先将调好的电压源关闭,千万不要带电操作。

(2) 不作用的电压源应先从电路中移开,然后用一条导线来代替,千万不要直接将电压源短接。

(3) 每次测量各支路电压时,务必保证电压测量的极性方向保持不变。

### 4.3.6 实验报告要求与思考题

(1) 整理实验数据,将测量数据填入相应表格,验证叠加定理的正确性。

(2) 将理论计算值与实际测得值相比较,分析误差产生的原因。

(3) 分析并总结实验过程中遇到的问题。
(4) 回答以下思考题。
① 在叠加定理中,不作用的电压源和电流源该如何处理?为什么?
② 本次实验验证了叠加定理适用于支路电压的计算,请问它是否适用于支路电流和功率的计算?

### 4.3.7 实验仪器及设备

(1) DGL-I 型电工实验板。
(2) 直流稳压电源。
(3) 数字万用表。

## 4.4 戴维南定理和最大功率传输定理的验证

### 4.4.1 预习要求

(1) 理解戴维南定理的内容。
(2) 掌握等效的概念。
(3) 对实验中的线性有源一端口网络(如图 4.4.7 所示),理论计算电路 a、b 端口开路电压 $U_{OC}$、短路电流 $I_{SC}$ 以及一端口网络不含源时的输入端电阻 $R_{ab}$,将计算值填入表 4.4.1 中。报告中要求有完整的计算过程。

表 4.4.1 等效电路参数计算数据

| $U_{OC}/V$ | $I_{SC}/mA$ | $R_{ab}/\Omega$ |
| --- | --- | --- |
|  |  |  |

### 4.4.2 实验目的

(1) 掌握线性有源一端口网络等效电路参数的实验测定方法。
(2) 加深对戴维南定理的理解,并通过实验进行验证。
(3) 加深对等效概念的认识。
(4) 了解直流电路中负载获得最大功率的条件。

### 4.4.3 实验原理

**1. 戴维南定理**

对外电路来说,任何一个线性有源一端口网络都可以用一个电压源和电阻串联的组合来等效替换,如图 4.4.1 所示。电压源的电压为原网络端口的开路电压 $U_{OC}$,电阻等于该网络所有独立源置零后的入端等效电阻 $R_i$。

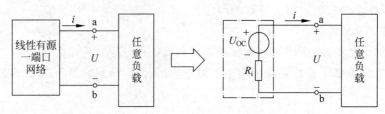

图 4.4.1 戴维南等效定理

**2. 线性有源一端口网络等效参数的测量**

1) 线性有源一端口网络开路电压 $U_{OC}$ 的测量

一般在工程测量中,若电压表的内阻是被测电阻的 100 倍以上,则认为电压表为高内阻表。在测量中,可直接使用高内阻电压表测量线性有源一端口网络的开路电压 $U_{OC}$ 的数值,如图 4.4.2 所示。

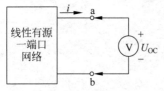

2) 线性有源一端口网络除源后入端电阻 $R_i$ 的测量

测量入端等效电阻的方法有很多种,现介绍以下三种常用的测量的方法。

(1) 直接测量法

图 4.4.2 测量开路电压 $U_{OC}$

将线性有源一端口网络中所有的独立源置零(电压源用短路线代替,电流源用开路代替),得到一无源网络,可直接使用万用表的欧姆挡测量 a、b 两端点间的电阻,即为 $R_i$。

(2) 开路短路法

使用测量仪表测量线性有源一端口网络的开路电压 $U_{OC}$ 和短路电流 $I_{SC}$,如图 4.4.3 所示,然后通过计算得到等效电阻 $R_i = \dfrac{U_{OC}}{I_{SC}}$。

(3) 半压法

如图 4.4.4 所示,在线性有源一端口网络端点 a、b 间接一可变电阻 $R_L$,当改变 $R_L$ 大小,测量端电压 $U_L$ 等于开路电压 $U_{OC}$ 的一半,即 $U_L = \dfrac{1}{2} U_{OC}$ 时,则有 $R_L = R_i$。此时,可变电阻的数值即为原网络入端等效电阻的大小。

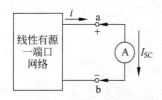

图 4.4.3 测量短路电流 $I_{SC}$

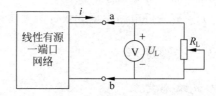

图 4.4.4 半压法测量入端等效电阻

**3. 负载获得最大传输功率的条件**

对理想电压源来说,其内阻 $R_i = 0$,端口电压为恒定值,因此它可以向外部电路输出无限大的功率；对理想电流源来说，其内阻 $R_i$ 为无限大，其输出电流为恒定值，因此它也可以向外部电路输出无限大的功率。但是，实际情况并非如此。一般电源均存在一定的内阻，其对外输出的最大功率是有限的。

设 $R_i$ 为电压源的内阻，$R_L$ 为负载电阻，如图 4.4.5 所示。通过理论分析可以得出：当 $R_L = R_i$ 时，负载上可获得最大功率。此时，称负载与电源匹配。

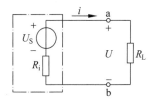

图 4.4.5 最大功率传输电路

值得注意的是，这种情况在电力工程中是绝对不允许的，因为当电路处于"匹配"状态时，电源本身要消耗一半的功率，电源的输出效率只有 50%。在供电系统中，最好是能将 100% 的功率传送给负载，所以负载电阻应远大于电源内阻。而在电子工程中，由于传输的功率数值小，常常希望负载上得到的功率越大越好，所以应尽量使电路工作在"匹配"状态下。

### 4.4.4 实验任务

本实验的线性有源一端口网络如图 4.4.6 所示，电压源 $U_S = 10$ V，电阻 $R_1 = 100\ \Omega$，$R_2 = 150\ \Omega$，$R_3 = 200\ \Omega$，$R_4 = 51\ \Omega$。

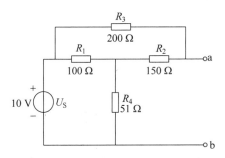

图 4.4.6 线性有源一端口网络的电路图

**1. 用开路短路法测量等效参数**

使用高内阻电压表测量该网络的开路电压 $U_{OC}$，使用电流表测量该网络的短路电流 $I_{SC}$，利用 $R_i = \dfrac{U_{OC}}{I_{SC}}$ 计算 a、b 端口的入端等效电阻 $R_i$，填入表 4.4.2 中。

表 4.4.2 等效电路参数测量数据

| $U_{OC}/\text{V}$ | $I_{SC}/\text{mA}$ | $R_i/\Omega$ |
| --- | --- | --- |
|  |  |  |

**2. 验证等效电路的等效性**

利用戴维南等效电路替换线性有源一端口网络后，对外部电路没有任何影响。因此，分别测量原网络和等效电路端口的伏安特性，以此来验证它们的等效性。

1) 测量线性有源一端口网络的外特性

测量电路如图 4.4.7 所示,调节可变电阻 $R_L$,记录不同电阻值下的电压和电流值于表 4.4.3 中。

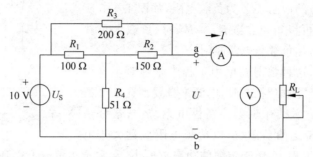

图 4.4.7　测量有源一端口网络的外特性

表 4.4.3　原网络的外特性测试数据

| $R_L/\Omega$ | 0 | 20 | 40 | 51 | 100 | 150 | $\infty$ |
|---|---|---|---|---|---|---|---|
| $U/V$ | | | | | | | |
| $I/mA$ | | | | | | | |

2) 测量戴维南等效电路的外特性

调节电压源输出,使输出电压为 $U_{OC}$,并将电压源与阻值为 $R_{ab}$ 的电阻箱串联构成戴维南等效电路,得到如图 4.4.8 所示的测量电路。调节可变电阻 $R_L$,记录不同电阻值下的电压和电流值于表 4.4.4 中。

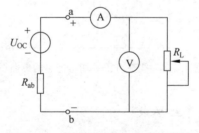

图 4.4.8　戴维南等效电路的外特性

表 4.4.4　戴维南等效电路的外特性测试数据

| $R_L/\Omega$ | 0 | 20 | 40 | 51 | 100 | 150 | $\infty$ |
|---|---|---|---|---|---|---|---|
| $U/V$ | | | | | | | |
| $I/mA$ | | | | | | | |

**3. 最大功率传输定理的研究(选做)**

按图 4.4.9 所示搭建电路,其中 $U_S=10\text{ V}$,$R_i=100\text{ }\Omega$,$R_L$ 为电阻箱。调节 $R_L$,使 $U_L=\dfrac{1}{2}U_S$,这时 $R_i=R_L$,将 $R_L$ 的值记入表 4.4.5 中 $R_L$ 栏所空之处。改变 $R_L$ 的数值,测量并记

录所对应的 $U_L$、$I$ 值。分别计算功率 $P_1$($P_1=I^2R_L$)和 $P_2$($P_2=U_LI$),填入表 4.4.5 中。

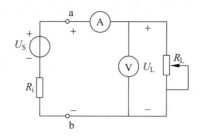

图 4.4.9 验证最大功率传输定理的电路

表 4.4.5 验证最大功率传输定理实验数据

| | $R_L/\Omega$ | 20 | 70 | $R_L=$____ | 200 | 300 |
|---|---|---|---|---|---|---|
| 测量值 | $I/\text{mA}$ | | | | | |
| | $U_L/\text{V}$ | | | | | |
| 计算值 | $P_1/\text{W}$ | | | | | |
| | $P_2/\text{W}$ | | | | | |

### 4.4.5 注意事项

(1) 测量时,注意电流表量程的选取。
(2) 应用开路短路法测量等效电路参数时,电压表与电流表不能同时接在网络端口处。

### 4.4.6 实验报告要求与思考题

(1) 整理实验数据,将测量数据填入相应表格。
(2) 根据表 4.4.3 与表 4.4.4 所测的数据,在同一坐标系中绘制等效前后的 $U$-$I$ 特性曲线,并说明比较结果。
(3) 分析并总结实验过程中遇到的问题。
(4) 回答以下思考题。
① 有源一端口网络的外特性是否与负载有关?
② 如果网络中含有受控源,戴维南定理和诺顿定理是否成立?如果网络中含有非线性元件,戴维南定理和诺顿定理是否成立?

### 4.4.7 实验仪器及设备

(1) DGL-I 型电工实验板。
(2) 直流稳压电源。
(3) 数字万用表。
(4) 电阻箱。
(5) 直流电流表。

## 4.5 运算放大器和受控电源的实验研究

### 4.5.1 预习要求

(1) 了解理想运算放大器的工作特征。
(2) 理解运算放大器的工作电压与输入电压是两组不同的电压。
(3) 掌握各种受控源的原理,计算与各实验任务有关的转移系数 $\mu$、$g_m$、$r_m$ 及 $\alpha$ 的理论值。

### 4.5.2 实验目的

(1) 学习运算放大器的使用方法,获得对其作为有源器件的感性认识。
(2) 学习含有运算放大器线性电路的分析方法,加深对受控电源的理解。
(3) 掌握受控电源转移参数的测试方法。

### 4.5.3 实验原理

**1. 运算放大器**

运算放大器(简称运放)是一种多端元件,图 4.5.1(a)所示为 LM741 的运放集成封装式样,为典型的 8 引脚双列直插封装(DIP),其引脚功能如图 4.5.1(b)所示,其中引脚 8 是空管脚。一般使用时,引脚 1 和引脚 5 不外接元件,其余的 5 个引脚为其重要引脚。

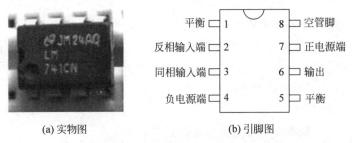

图 4.5.1 典型的运算放大器

(1) 引脚 2 为反相输入端,通常标示为"-"。
(2) 引脚 3 为同相输入端,通常标示为"+"。
(3) 引脚 6 为信号输出端。
(4) 引脚 4 和引脚 7 分别为电源的负极和正极输入端。典型工作电压为 $\pm 12$ V。

运算放大器作为一个有源元件,必须有电压源赋以动力,一般采用双电源供电,引脚 7 和引脚 4 的正、负电压都是对"地"或公共端而言。正、负工作电源的连接方法如图 4.5.2 所示。

运算放大器的电路符号如图 4.5.3 所示,∞ 表示理想运放,其输入电压 $u_i = u_+ - u_-$。如果运算放大器工作在线性区,则输出端电压 $u_0 = Au_i = A(u_+ - u_-)$,其中 $A$ 称为运算放大器的开环放大增益。

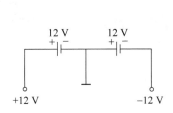
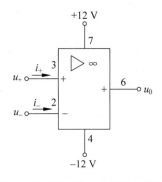

图 4.5.2　运算放大器工作电压的供给　　　　图 4.5.3　运算放大器的电路符号

在理想情况下，$A$ 和输入电阻 $R_{in}$ 为无穷大，而输出电压 $u_0$ 是一个有限的数值，故可知

$$u_+ - u_- = \frac{u_0}{A} \to 0 \tag{4.5.1}$$

因此有

$$u_+ = u_- \tag{4.5.2}$$

$$i_+ = \frac{u_+}{R_{in}} \to 0, \quad i_- = \frac{u_-}{R_{in}} \to 0 \tag{4.5.3}$$

式(4.5.2)和式(4.5.3)表明，运算放大器工作在线性区时有如下特性。

(1) 运算放大器的"+"端与"−"端之间等电位，即 $u_+ = u_-$，通常称为"虚短"。

(2) 运算放大器的输入端电流等于零，即 $i_+ = i_- = 0$，通常称为"虚断"。

此外，理想运算放大器的输出电阻为零。这些重要性质是简化分析含有运算放大器电路的依据。

### 2. 受控电源

受控电源与独立电源不同：独立电源的电动势或电流是某一固定数值或某一时间函数，不随电路其他部分的状态而改变，如理想独立电压源的电压不随其输出电流而改变，理想独立电流源的输出电流与其端电压也无关。独立电源作为电路的输入，它代表了外界对电路的作用。受控电源的电动势或电流则随网络中另一支路的电流或电压(称为控制量)而变化。

受控电源又与无源元件不同，无源元件的电压和它自身的电流有一定的函数关系，而受控电源的电压或电流则和另一支路(或元件)的电流或电压有某种函数关系。

根据控制量是电压还是电流，受控的是电压源还是电流源，受控源可分为四种，即：电压控制电压源(VCVS)、电压控制电流源(VCCS)、电流控制电压源(CCVS)及电流控制电流源(CCCS)。

受控电源的电压(或电流)与控制元件的电压(或电流)成正比变化时，该受控源是线性的，其比例系数称为转移函数参量(即控制系数)。四种受控源的转移函数的定义如表 4.5.1 所示。

表 4.5.1  受控源的分类及其定义

| 受控源名称 | 控制量 | 受控量 | 转移函数 | |
|---|---|---|---|---|
| VCVS | $u_1$ | $u_2$ | $\mu = u_2/u_1$ | 转移电压比 |
| CCVS | $i_1$ | $u_2$ | $r_m = u_2/i_1$ | 转移电阻 |
| VCCS | $u_1$ | $i_2$ | $g_m = i_2/u_1$ | 转移电导 |
| CCCS | $i_1$ | $i_2$ | $\alpha = i_2/i_1$ | 转移电流比 |

本次实验将研究由运算放大器组成的几种基本受控电源。

### 3. 电压控制电压源(VCVS)

由运算放大器构成的如图 4.5.4(a)所示电路是一个电压控制电压源(VCVS)。根据运算放大器的"虚短"和"虚断"特性,有

$$u_1 = u_+ = u_-, \quad i_+ = i_- = 0 \tag{4.5.4}$$

由 KCL 可得

$$i_{R1} = i_{R2} = \frac{u_1}{R_2} \tag{4.5.5}$$

又由 KVL 可得

$$u_2 = i_{R1}R_1 + i_{R2}R_2 \tag{4.5.6}$$

故

$$u_2 = \left(1 + \frac{R_1}{R_2}\right)u_1 \tag{4.5.7}$$

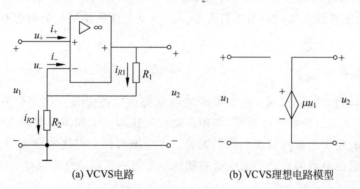

(a) VCVS电路　　　　　　(b) VCVS理想电路模型

图 4.5.4　用运算放大器实现的 VCVS 电路

由式(4.5.7)可知,运算放大器的输出电压 $u_2$ 受输入电压 $u_1$ 的控制,它的理想电路模型如图 4.5.4(b)所示,其转移电压比为

$$\mu = \frac{u_2}{u_1} = 1 + \frac{R_1}{R_2} \tag{4.5.8}$$

式中,$\mu$ 称为电压放大系数,量纲为 1。

图 4.5.4(a)所示电路是一个同相比例放大电路,其输入和输出端有公共接地点,这种连接方式称为共地连接。

### 4. 电压控制电流源(VCCS)

将图 4.5.4(a)中的电阻 $R_1$ 看作负载电阻，以负载电流作为受控对象，这个电路就成为如图 4.5.5(a)所示的电压控制电流源(VCCS)电路。图中流过负载电阻 $R_L$ 的电流为

$$i_2 = i_R = \frac{u_1}{R} \tag{4.5.9}$$

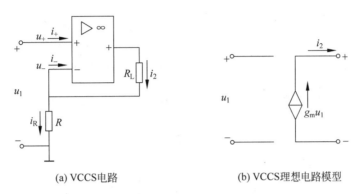

(a) VCCS电路  (b) VCCS理想电路模型

图 4.5.5  用运算放大器实现的 VCCS 电路

由式(4.5.9)可知，$i_2$ 只受运算放大器输入电压 $u_1$ 的控制，与负载电阻 $R_L$ 无关。图 4.5.5(b)是 VCCS 的理想电路模型，其转移电导系数为

$$g_m = \frac{i_2}{u_1} = \frac{1}{R} \tag{4.5.10}$$

式中，$g_m$ 具有电导的量纲。

在图 4.5.5(a)所示电路中，输入、输出无公共接地点，这种连接方式称为浮地连接。

### 5. 电流控制电压源(CCVS)

采用运算放大器构成的如图 4.5.6(a)所示电路是一个电流控制电压源(CCVS)，其中运算放大器的同相输入端"+"接地，即 $u_+ = 0$，根据"虚短"特性可得 $u_- = 0$。在这种情况下，运算放大器的反相输入端"—"称为"虚地点"。根据"虚断"及 KCL 定理可知，流过电阻 $R$ 的电流即为网络输入端口电流 $i_1$。运算放大器的输出电压为

$$u_2 = -i_1 R \tag{4.5.11}$$

由式(4.5.11)可知，$u_2$ 受到网络端口输入电流 $i_1$ 所控制。

图 4.5.6(b)所示是 CCVS 的理想电路模型，其转移电阻系数为

$$r_m = \frac{u_2}{i_1} = -R \tag{4.5.12}$$

式中，$r_m$ 具有电阻的量纲。

CCVS 电路的连接方式为共地连接。

### 6. 电流控制电流源(CCCS)

采用运算放大器构成的如图 4.5.7(a)所示电路是一个电流控制电流源(CCCS)。根据

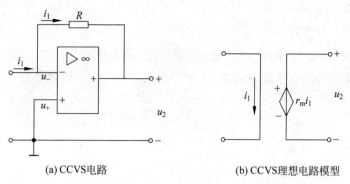

(a) CCVS电路　　　　　　　(b) CCVS理想电路模型

图 4.5.6　用运算放大器实现的 CCVS 电路

运算放大器的"虚短"和"虚断"特性,可知 $u_a = -i_1 R_1 = -i_3 R_3$,因此有

$$i_3 = \frac{R_1}{R_3} i_1 \tag{4.5.13}$$

对于节点 a,由 KCL 可得

$$i_2 = i_1 + i_3 = \left(1 + \frac{R_1}{R_3}\right) i_1 \tag{4.5.14}$$

由式(4.5.14)可知,流过负载电阻 $R_L$ 的电流 $i_2$ 受网络输入端口电流 $i_1$ 的控制,而与负载阻值无关。

CCCS 的理想电路模型如图 4.5.7(b)所示,其转移电流比为

$$\alpha = \frac{i_2}{i_1} = 1 + \frac{R_1}{R_3} \tag{4.5.15}$$

式中,$\alpha$ 的量纲为 1。

CCCS 电路实际上起着电流放大的作用,连接方式为浮地连接。

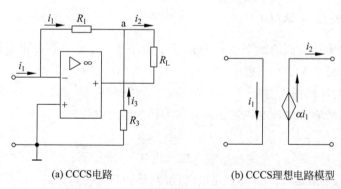

(a) CCCS电路　　　　　　　(b) CCCS理想电路模型

图 4.5.7　用运算放大器实现的 CCCS 电路

### 4.5.4　实验任务

**1. 电压控制电压源(VCVS)和电压控制电流源(VCCS)的特性测试(必做)**

实验电路如图 4.5.8 所示,根据前面介绍的实验原理可知,VCVS 与 VCCS 电路连接是一样的,只是测量对象不同,所以该实验可用同一电路同时进行两种受控源的测试。图中外

边点画线框是 VCVS，里边虚线框是 VCCS。

（1）连接±12 V 工作电源。

运算放大器必须外接±12 V 的直流电压才能正常工作。接线前，先将直流稳压电源的两路输出电压分别调至 12 V，然后关掉电源，按图 4.5.9 所示接线，由此可得到+12 V 和 −12 V 两组电源。

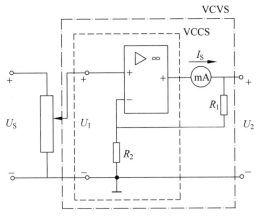

图 4.5.8　VCVS 和 VCCS 实验电路

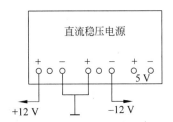

图 4.5.9　实现±12V 工作电源的接线图

（2）连接输入电压 $U_1$。

在图 4.5.9 中，使用直流稳压电源右侧的最后一路固定 5V 输出作为实验电路中的 $U_S$，通过滑线变阻器来改变端口输入电压 $U_1$ 的幅值。注意共地点的正确连接。

（3）实验电路中，电阻 $R_1=R_2=500\Omega$。线性改变 $U_1$ 的大小，将 $U_2$ 和 $I_S$ 的测量值记录于表 4.5.2 中。

表 4.5.2　输入电压变化的 VCVS 和 VCCS 电路测试数据

| 给定值 | | $U_1$/V | 0.50 | 1.00 | 1.50 | 2.00 | 2.50 | 3.00 |
|---|---|---|---|---|---|---|---|---|
| VCVS | 测量值 | $U_2$/V | | | | | | |
| | 计算值 | $\mu=\dfrac{U_2}{U_1}$ | | | | | | |
| VCCS | 测量值 | $I_S$/mA | | | | | | |
| | 计算值 | $g_m=\dfrac{I_S}{U_1}$ | | | | | | |

（4）保持端口输入电压 $U_1=1.0$ V，电阻 $R_2=500$ Ω 不变，通过电阻箱改变 $R_1$ 的阻值，将 $U_2$ 和 $I_S$ 的测量值记录于表 4.5.3 中。

表 4.5.3　负载电阻 $R_1$ 变化的 VCVS 和 VCCS 电路测试数据

| 给定值 | | $R_1$/kΩ | 0.50 | 1.00 | 1.50 | 2.00 | 2.50 |
|---|---|---|---|---|---|---|---|
| VCVS | 测量值 | $U_2$/V | | | | | |
| | 计算值 | $\mu=\dfrac{U_2}{U_1}$ | | | | | |

续表

| 给 定 值 | | $R_1/\text{k}\Omega$ | 0.50 | 1.00 | 1.50 | 2.00 | 2.50 |
|---|---|---|---|---|---|---|---|
| VCCS | 测量值 | $I_S/\text{mA}$ | | | | | |
| | 计算值 | $g_m = \dfrac{I_S}{U_1}$ | | | | | |

### 2. 电流控制电压源(CCVS)的特性测试(选做)

实验电路如图 4.5.10 所示,输入电流 $I_1$ 由电压源 $U_S$($U_S=5$ V)串联滑线变阻器 $R_i$ 所提供。

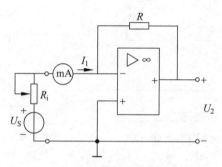

图 4.5.10 用运算放大器实现的 CCVS 实验电路

(1) 改变电流 $I_1$ 的值,分别将各次测量的 $U_2$ 数据记录于表 4.5.4 中,计算 $r_m$ 值。

表 4.5.4 输入电流变化的 CCVS 电路测试数据

| 给 定 值 | | $I_1/\text{mA}$ | 2 | 3 | 4 | 5 | 6 |
|---|---|---|---|---|---|---|---|
| CCVS | 测量值 | $U_2/\text{V}$ | | | | | |
| | 计算值 | $r_m = \dfrac{U_2}{I_1}$ | | | | | |

(2) 保持 $I_1=5$ mA 不变,改变 $R$ 的阻值,分别将各次测量的 $U_2$ 数据记录于表 4.5.5 中,计算 $r_m$ 值。

表 4.5.5 输入电流保持不变的 CCVS 电路测试数据

| 给 定 值 | | $R/\text{k}\Omega$ | 0.5 | 1.0 | 1.5 | 2.0 | 2.5 |
|---|---|---|---|---|---|---|---|
| CCVS | 测量值 | $U_2/\text{V}$ | | | | | |
| | 计算值 | $r_m = \dfrac{U_2}{I_1}$ | | | | | |

### 3. 电流控制电流源(CCCS)的特性测试(选做)

实验电路如图 4.5.11 所示,其中 $U_S=5$ V,$R_i$ 使用滑线变阻器。

(1) 保持 $I_1=2$ mA 不变,$R_1=R_3=510$ Ω,用电阻箱改变负载电阻 $R_L$ 的大小,分别将各次测量的 $I_2$ 数据记录于表 4.5.6 中,计算 $\alpha$ 值。

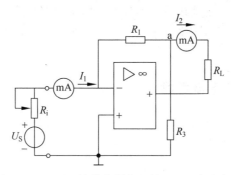

图 4.5.11　用运算放大器实现的 CCCS 实验电路

表 4.5.6　负载电阻变化的 CCCS 电路测试数据

| 给　定　值 | | $R_L/\Omega$ | 0 | 500 | 1000 | 1500 | 2000 |
|---|---|---|---|---|---|---|---|
| CCCS | 测量值 | $I_2/\text{mA}$ | | | | | |
| | 计算值 | $\alpha = \dfrac{I_2}{I_1}$ | | | | | |

(2) 保持 $R_L=200\ \Omega$ 不变,$R_1=R_3=510\ \Omega$,改变 $I_1$ 的数值,分别将各次测量的 $I_2$ 数据记录于表 4.5.7 中,计算 $\alpha$ 值。

表 4.5.7　输入电流变化的 CCCS 电路测试数据

| 给　定　值 | | $I_1/\text{mA}$ | 2 | 4 | 6 | 8 | 10 |
|---|---|---|---|---|---|---|---|
| CCCS | 测量值 | $I_2/\text{mA}$ | | | | | |
| | 计算值 | $\alpha = \dfrac{I_2}{I_1}$ | | | | | |

(3) 保持 $I_1=2\ \text{mA}$,$R_L=200\ \Omega$ 不变,$R_3=510\ \Omega$,用电阻箱改变 $R_1$ 的数值,分别将各次测量的 $I_2$ 数据记录于表 4.5.8 中,计算 $\alpha$ 值。

表 4.5.8　$R_1$ 取值变化的 CCCS 电路测试数据

| 给　定　值 | | $R_1/\Omega$ | 500 | 1000 | 1500 | 2000 | 2500 |
|---|---|---|---|---|---|---|---|
| CCCS | 测量值 | $I_2/\text{mA}$ | | | | | |
| | 计算值 | $\alpha = \dfrac{I_2}{I_1}$ | | | | | |

## 4.5.5　注意事项

(1) 测量时注意电流表量程的选取。

(2) 连接±12 V 工作电源时,电源极性不得接错,以免损坏运算放大器。检查接线无误后,再接通电源进行实验。每次在运算放大器外部改接电路元件时,必须在断电的情况下进行。

(3) 实验中,运算放大器输出端引脚 6 不得与地端(公共端)短路,输入电压不能超过±5 V,否则将损坏器件。

(4) 连接电路时,需注意公共接地点的连接。整个电路只能有一个参考接地点。

(5) 用万用表测量电压时,应将万用表的选择开关置于直流电压挡。读数时,注意"＋""－"极性。

### 4.5.6 实验报告要求与思考题

(1) 整理实验数据,将测量数据填入相应表格,并根据数据说明各受控源的端口特性。

(2) 根据各实验任务所测的数据,与预习时所计算的理论值进行比较,并说明比较结果。

(3) 分析并总结实验过程中遇到的问题。

(4) 回答以下思考题。

① 受控源与独立源有何差别?

② 受控源的控制特性是否适用于交流信号?

### 4.5.7 实验仪器及设备

(1) DGL-I 型电工实验板。

(2) 直流稳压电源。

(3) 数字万用表。

(4) 电阻箱。

(5) 直流电流表。

(6) 滑线变阻器。

## 4.6 交流电路参数的测定

### 4.6.1 预习要求

(1) 了解电压三角形法和三表法测量阻抗的原理及计算方法。

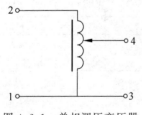

图 4.6.1 单相调压变压器

(2) 掌握单相调压变压器(自耦变压器)的使用方法及注意事项,并完成下面的选择题。

如图 4.6.1 所示,单相调压变压器标有"1"与"2"的端子是调压器的_____(输入、输出)端,其中"1"应接电源的_____(中线、相线),"2"应接电源的_____(中线、相线);标有"3"与"4"的端子是调压变压器的_____(输入、输出)端,应接_____(电源、负载)。调压变压器在通电前,手柄应旋转到输出电压为_____(零、任意)的位置。

(3) 掌握功率表的连接方法、分刻度的计算方法以及功率表使用时的注意事项。

### 4.6.2 实验目的

(1) 掌握交流电路元件参数的测量方法。

（2）掌握交流电压表、交流电流表、功率表及单相调压变压器等电工仪器仪表的正确使用方法。

### 4.6.3 实验原理

在交流电路中，无源一端口网络可以是一个电阻器、电感器或电容器，也可能是它们的组合，如图 4.6.2(a)所示。不管其内部结构如何复杂，其等效参数都可以用一个等效阻抗来表示。

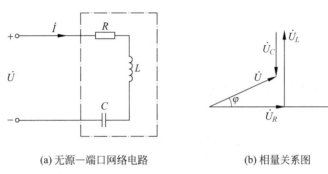

(a) 无源一端口网络电路　　　　(b) 相量关系图

图 4.6.2　交流无源一端口网络

当端口电压和端口电流的参考方向一致时，其复数阻抗可以写为

$$Z = \frac{\dot{U}}{\dot{I}} = R_0 + \mathrm{j}(X_L - X_C) = R_0 + \mathrm{j}X_0 \tag{4.6.1}$$

若 $X_L > X_C$，则该阻抗呈感性，$X_0 > 0$，其电路中电压、电流的相量关系如图 4.6.2(b)所示；若 $X_L < X_C$，则该阻抗呈容性，$X_0 < 0$。

在交流电路中，测量元件阻抗的方法有很多，基本可以分为两类：一类是仪器直接测量法，如测量电阻用万用表，测量电容、电感用交流电桥或者 $Q$ 表法等；另一类是间接测量法，即在网络端口施加工作电流和电压，通过计算得到等效参数。下面主要介绍两种间接测量法：电压三角形法和三表法。

**1. 电压三角形法**

电压三角形法测量电路如图 4.6.3 所示，$R_1$ 为外加已知阻值的电阻，$Z_2$ 为被测元件的复阻抗。使用交流电压表分别测出三个电压 $U$、$U_1$ 和 $U_2$ 的值，电流表主要用来监测支路电流是否处于安全值的范围内。

1) 被测阻抗元件为感性元件

测量电路如图 4.6.4(a)所示，被测阻抗为 $Z_L = R + \mathrm{j}X_L$，该电路的相量图如图 4.6.4(b)所示。

被测阻抗 $Z_L = R + \mathrm{j}X_L = |Z| \angle \varphi$，其中：$|Z| = \dfrac{U_2}{I}$，$I = \dfrac{U_1}{R_1}$。所以有

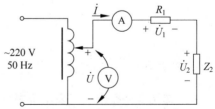

图 4.6.3　电压三角形法测量电路

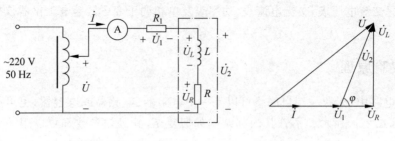

(a) 感性阻抗测量电路        (b) 相量图

图 4.6.4   电压三角形法测量感性阻抗元件

$$|Z|=\frac{U_2}{U_1}R_1 \tag{4.6.2}$$

根据相量图,由余弦定理求得阻抗角 $\varphi$ 的余弦,即

$$\cos\varphi=\frac{U^2-U_1^2-U_2^2}{2U_1U_2} \tag{4.6.3}$$

因此,$R=|Z|\cos\varphi$,$X_L=\omega L=2\pi fL=|Z|\sin\varphi$,得出 $L=\frac{|Z|\sin\varphi}{2\pi f}$,其中 $f=50\,\mathrm{Hz}$。

2) 被测阻抗元件为容性元件

对 $RC$ 串联支路来说,其测量电路如图 4.6.5(a) 所示,该电路的相量图如图 4.6.5(b) 所示。

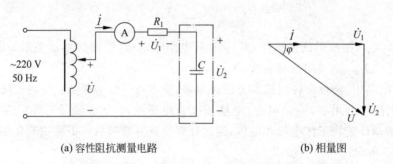

(a) 容性阻抗测量电路        (b) 相量图

图 4.6.5   电压三角形法测量容性阻抗元件

分析电路,可知:$I=\frac{U_1}{R_1}$,$|Z|=\frac{U_2}{I}$,得 $|Z|=\frac{U_2}{U_1}R_1$,而 $|Z|=\frac{1}{\omega C}$,则

$$C=\frac{U_1}{U_2}\times\frac{1}{\omega R_1} \tag{4.6.4}$$

## 2. 三表法

测定交流电路参数的三表法是用交流电压表、交流电流表和功率表分别测出被测网络端口的电压 $U$、电流 $I$ 以及该网络所消耗的有功功率 $P$,测量电路如图 4.6.6 所示。

然后计算以下参数:

(1) 阻抗的模:$|Z|=\dfrac{U}{I}$。

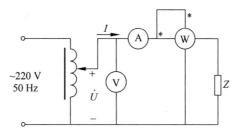

图 4.6.6 三表法测量阻抗

(2) 功率因数：$\cos\varphi = \dfrac{P}{UI}$。

(3) 等效电阻：$R = |Z|\cos\varphi$。

(4) 等效电抗：$X = |Z|\sin\varphi$。

若被测对象为感性元件，则 $\varphi > 0, X > 0$，等效电感量 $L = \dfrac{X}{\omega} = \dfrac{X}{2\pi f}$；若被测阻抗为容性，则 $\varphi < 0, X < 0$，等效电容量 $C = \dfrac{1}{\omega X} = \dfrac{1}{2\pi f X}$。

使用三表法只能测得负载的 $U$、$I$、$P$ 值，还不能判别被测对象是容性还是感性元件，一般可以用下列方法加以确定。

(1) 在被测元件两端并联一只容量适当的试验电容器 $C'$，连接电路如图 4.6.7 所示。端口电压保持不变，并联电容之前，负载支路电流 $\dot{I}_1$ 即为电流表测量的总支路电流；并联电容 $C'$ 之后，负载支路电流 $\dot{I}_1$ 不变，但总支路上的电流会发生变化，$\dot{I} = \dot{I}_1 + \dot{I}_{C'}$。

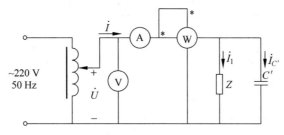

图 4.6.7 并联电容判定阻抗属性

若负载呈感性，支路电流相量图如图 4.6.8(a) 所示，从图中可以看出总支路电流 $\dot{I}$ 相较于负载支路电流 $\dot{I}_1$ 变小；若负载呈容性，支路电流相量图如图 4.6.8(b) 所示，从图中可以看出总支路电流变大。因此，可通过电流表示数的变化来判定负载阻抗性质：若电流表的读数增大，则被测元件呈容性；若电流表的读数减小，则呈感性。

并联试验电容的电容量 $C'$ 应满足下列条件：

$$C' < \dfrac{2\sin\varphi}{|Z|\omega} \tag{4.6.5}$$

才能够判断出负载阻抗的性质，其中 $\varphi$ 为 $Z$ 的阻抗角。

(2) 在电路中接入相位表(功率因数表)，从表上直接读出被测阻抗的 $\cos\varphi$ 值，若读数

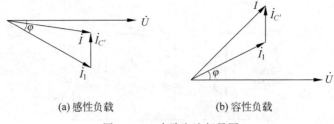

(a) 感性负载　　　　　　　　(b) 容性负载

图 4.6.8　支路电流相量图

超前,则负载阻抗呈容性;若读数滞后,则负载阻抗呈感性。

(3) 利用示波器观察被测元件电流与端电压之间的相位关系,若电流超前电压,则负载阻抗呈容性;若电流滞后电压,则负载阻抗呈感性。

本实验中利用并联适当电容的方法来判断被测阻抗的性质。具体做法是将一试验电容器与被测阻抗元件并联,在并联的同时观察电流表的变化趋势。

### 4.6.4　实验任务

**1. 采用电压三角形法测量 RL 串联电路的参数(必做)**

按图 4.6.4(a)接好电路,电阻 $R_1=51\ \Omega$,电感元件为实验箱中互感线圈的一组线圈 $L_1$,其标称值为 $L_1=$ _____,$R=$ _____。连接好线路后,经教师检查无误方可接通电源。

从零开始调节调压器,取三组电流值 0.4 A、0.5 A、0.6 A,分别测量出三个电压 $U$、$U_1$、$U_2$ 的数值,按表 4.6.1 的内容进行计算。

表 4.6.1　RL 串联电路的测量数据

| 测　量　值 | | | | 计　算　值 | | | |
| --- | --- | --- | --- | --- | --- | --- | --- |
| $I$/A | $U$/V | $U_1$/V | $U_2$/V | $\cos\varphi$ | $|Z|/\Omega$ | $R/\Omega$ | $L$/H |
| 0.4 | | | | | | | |
| 0.5 | | | | | | | |
| 0.6 | | | | | | | |

**2. 采用电压三角形法测量 RC 串联电路的参数(选做)**

按图 4.6.5(a)接好电路,电阻 $R_1=51\ \Omega$,电容元件为实验箱中的电容器,拨动开关使其电容量为 30 μF。取三组电流值 0.4 A、0.5 A、0.6 A,分别测量出三个电压 $U$、$U_1$、$U_2$ 的数值,按表 4.6.2 的内容进行计算。

表 4.6.2　RC 串联电路的测量数据

| 测　量　值 | | | | 计　算　值 | | |
| --- | --- | --- | --- | --- | --- | --- |
| $I$/A | $U$/V | $U_1$/V | $U_2$/V | $\cos\varphi$ | $|Z|/\Omega$ | $C/\mu$F |
| 0.4 | | | | | | |
| 0.5 | | | | | | |
| 0.6 | | | | | | |

## 3. 采用三表法测量交流电路的参数(必做)

各仪表的连接方式按图 4.6.6 进行，被测负载按以下四种组合方式组成，将测量数据分别填入表 4.6.3～表 4.6.6 并进行相应计算。

(1) $RL$ 串联，$R=51\ \Omega$，$L=L_1$，计算该感性负载的等效电阻 $R$ 和等效电感量 $L$。

表 4.6.3　$RL$ 串联电路的测量数据

| 测量值 | | | 计算值 | | | | |
|---|---|---|---|---|---|---|---|
| $I/A$ | $U/V$ | $P/W$ | $\cos\varphi$ | $|Z|/\Omega$ | $R/\Omega$ | $X/\Omega$ | $L/H$ |
| 0.4 | | | | | | | |
| 0.5 | | | | | | | |
| 0.6 | | | | | | | |

(2) $RC$ 串联，$R=51\ \Omega$，$C=30\ \mu F$，计算该容性负载的等效电阻 $R$ 和等效电感量 $C$。

表 4.6.4　$RC$ 串联电路的测量数据

| 测量值 | | | 计算值 | | | | |
|---|---|---|---|---|---|---|---|
| $I/A$ | $U/V$ | $P/W$ | $\cos\varphi$ | $|Z|/\Omega$ | $R/\Omega$ | $X/\Omega$ | $C/\mu F$ |
| 0.4 | | | | | | | |
| 0.5 | | | | | | | |
| 0.6 | | | | | | | |

(3) $RLC$ 串联，$R=51\ \Omega$，$C=30\ \mu F$，$L=L_1$。完成三组三表法的测量之后，还需要保持端口电压不变，并联试验电容 $C'$，判断被测阻抗呈容性还是感性，并计算其等效值。

表 4.6.5　$RLC$ 串联电路的测量数据

| 测量值 | | | 判断值 | 计算值 | | | | |
|---|---|---|---|---|---|---|---|---|
| $I/A$ | $U/V$ | $P/W$ | 电流表示数变化 | $\cos\varphi$ | $|Z|/\Omega$ | $R/\Omega$ | $X/\Omega$ | $L/H$ 或 $C/\mu F$ |
| 0.4 | | | | | | | | |
| 0.5 | | | 阻抗性质 | | | | | |
| 0.6 | | | | | | | | |

(4) $RC$ 串联再与 $L$ 并联，元件取值同(3)。完成三组三表法的测量之后，还需要保持端口电压不变，并联试验电容 $C'$，判断被测阻抗呈容性还是感性，并计算其等效值。

表 4.6.6　$RC$ 并联再与 $L$ 串联电路的测量数据

| 测量值 | | | 判断值 | 计算值 | | | | |
|---|---|---|---|---|---|---|---|---|
| $I/A$ | $U/V$ | $P/W$ | 电流表示数变化 | $\cos\varphi$ | $|Z|/\Omega$ | $R/\Omega$ | $X/\Omega$ | $L/H$ 或 $C/\mu F$ |
| 0.4 | | | | | | | | |
| 0.5 | | | 阻抗性质 | | | | | |
| 0.6 | | | | | | | | |

### 4.6.5 注意事项

（1）每次改接线路后，都必须经过指导教师检查无误后方可接通电源。

（2）测量时，注意各测量仪表量程的正确选取以及正确的连接方式。

（3）每次接通电源前，应确保单相调压变压器的电压调节手柄置于零位。接通 220 V 电源后，再慢慢转动手柄，增加次级输出端电压，同时观察电流表指针偏转是否正常，如正常，即可调到电路指定值。

（4）低功率因数功率表的电压接线端应与负载并联，电流接线端应与负载串联，*U 与 *I 应连在一起。

（5）本实验中电源电压较高，必须严格遵守安全操作规程，身体不要触及带电部位，以确保安全。

### 4.6.6 实验报告要求与思考题

（1）整理实验数据，将测量数据填入相应表格，并根据各表格要求计算出待测参数值。

（2）分析并总结实验过程中遇到的问题。

（3）回答以下思考题。

用三表法测电路参数时，为什么要在被测元件两端并接试验电容，而且电容量还要满足 $C' < \dfrac{2\sin\varphi}{|Z|\omega}$，方能判别元件的性质？试着用相量图加以说明。

### 4.6.7 实验仪器及设备

（1）KGL-I 型电工技术实验系统。

（2）单相调压变压器。

（3）交流电流表。

（4）交流电压表。

（5）低功率因数功率表。

## 4.7 三相电路

### 4.7.1 预习要求

（1）理解三相负载星形接法和三角形接法时负载的线电压和相电压、线电流和相电流之间的关系。

（2）完成下列选择题。

① 三相星形接法的负载与三相电源相连接时，一般采用_____（三相四线制、三相三线制）接法，若负载不对称，中线电流_____（等于、不等于）零。三相负载接成三角形时，电路为_____（三相四线制、三相三线制）接法。

② 在三相四线制中，不对称负载_____（能、不能）省去中线，中线上_____（能、不

能)安装熔断器。掌握三表法测量阻抗的原理和计算方法。

(3) 了解三相功率的测量方法,弄清一表法、二表法测量三相功率的原理。

### 4.7.2 实验目的

(1) 熟悉三相交流电路中负载星形(Y)接法及三角形(△)接法时的线电压和相电压、线电流和相电流之间的关系。

(2) 了解三相四线制中中线的作用。

(3) 学习三相电路有功功率的测量方法。

### 4.7.3 实验原理

#### 1. 三相四线制电源

对称三相电源是由频率相同、幅值相等、初相依次相差120°的三个正弦电压源按一定方式连接而成的。目前,我国用电一般采用星形接法、三相四线制供电方式。电源通过三相开关向负载供电,其中,不经过三相开关和熔断器的那条导线称为中线或零线(O),另外三条导线称为相线或火线(A、B、C)。

三相电源的相序就是指三相电源的排列顺序。通常情况下三相电路是正序系统,即相序为A→B→C→A的顺序。实际工作中常需确定相序,即在已知是正序系统的情况下,指定某相电源为A相,判断另外两相哪相为B相和C相。

例如,三相电源并网时,其相序必须一致。图4.7.1所示为一简单的相序测定电路(相序指示器)。它由一只电容器和两只相同功率(瓦数)的白炽灯组成Y形接法,接至三相对称电源上。由于负载不对称,负载中性点将发生位移,各相电压也就不再相等。若设电容所在相为A相,则灯泡比较亮的相为B相,灯泡比较暗的相为C相,这样就可以方便地确定三相的相序。该相序指示器只能测出相序,不能测定具体哪是A相、B相或C相。

#### 2. 负载的星形接法

(1) 对称负载

如图4.7.2所示为一个三相四线制三相负载星形接法电路,其中对称负载为 $Z_A = Z_B = Z_C$。该电路的电压和电流满足下列关系:

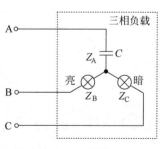

图 4.7.1 相序测定的电路

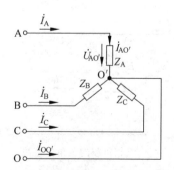

图 4.7.2 三相负载的星形接法(三相四线制)

$$\left.\begin{array}{l}\text{相电压}\ U_{AO'}=U_{BO'}=U_{CO'}=U_P\\ \text{线电压}\ U_{AB}=U_{BC}=U_{CA}=U_L\end{array}\right\}U_L=\sqrt{3}U_P \qquad (4.7.1)$$

$$\left.\begin{array}{l}\text{相电流}\ I_{AO'}=I_{BO'}=I_{CO'}=I_P\\ \text{线电流}\ I_A=I_B=I_C=I_L\end{array}\right\}I_L=I_P \qquad (4.7.2)$$

因此,中线电流 $I_{OO'}=0$ A,中线电压 $U_{OO'}=0$ V。

从式(4.7.1)和式(4.7.2)可以看出,由于负载对称,$I_{OO'}=0$ A,$U_{OO'}=0$ V,因此对于对称负载四线制星形接法电路,中线没有存在的必要。去掉中线的对称负载三线制星形接法电路的电压和电流之间的关系都与对称四线制星形接法电路相同。

(2)不对称负载

假设图4.7.2所示电路为不对称负载,即 $Z_A\neq Z_B\neq Z_C$。对于这种不对称的三相四线制星形接法电路,有以下等式成立:

$$\left.\begin{array}{l}\text{相电压}\ U_{AO'}=U_{BO'}=U_{CO'}=U_P\\ \text{线电压}\ U_{AB}=U_{BC}=U_{CA}=U_L\end{array}\right\}U_L=\sqrt{3}U_P \qquad (4.7.3)$$

$$\left.\begin{array}{l}I_A=I_{AO'}=\dfrac{U_P}{|Z_A|}\\[4pt] I_B=I_{BO'}=\dfrac{U_P}{|Z_B|}\\[4pt] I_C=I_{CO'}=\dfrac{U_P}{|Z_C|}\end{array}\right\}I_L=I_P \qquad (4.7.4)$$

因此,中线电流 $I_{OO'}\neq 0$ A,中线电压 $U_{OO'}=0$ V。

若将电路的中线去掉,可以得到不对称负载三线制星形接法电路。这种电路由于负载中心点的移位,即 $U_{OO'}\neq 0$ V,造成各相电压不对称:$U_{AO'}\neq U_{BO'}\neq U_{CO'}$。如果某相负载阻抗大,则该相相电压有可能超过它的额定电压,从而对该负载造成损坏。因此,日常生活中应该避免出现这种情况。所以,对于不对称负载必须连接中线,即采用三相四线制,它可以保证各相负载相电压对称,并且使各相负载间互不影响。

### 3. 负载的三角形接法

如图4.7.3所示为三相负载三角形接法电路,电路的电压和电流满足下列关系:

$$U_L=U_P \qquad (4.7.5)$$

$$\dot{I}_A=\dot{I}_{AB}-\dot{I}_{CA} \qquad (4.7.6)$$

$$\dot{I}_B=\dot{I}_{BC}-\dot{I}_{AB} \qquad (4.7.7)$$

$$\dot{I}_C=\dot{I}_{CA}-\dot{I}_{BC} \qquad (4.7.8)$$

当负载对称时,

$$I_L=\sqrt{3}I_P \qquad (4.7.9)$$

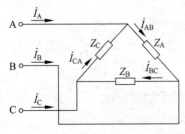

图4.7.3 三相负载的三角形接法

**4. 三相负载的有功功率**

1) 一表法测量

在三相四线制电路中,由于负载各相电压是相互独立的,与其他相负载无关,所以可以用功率表独立地测出各相负载所消耗的功率 $P_A$、$P_B$、$P_C$,测量接线图如图 4.7.4 所示。

若负载对称,则只需测出一相负载功率,然后乘以 3,即总功率 $P=3P_A$;若负载不对称,则需要使用功率表分别测出各相负载的功率,然后相加得到三相交流电路的总功率:$P=P_A+P_B+P_C$。

2) 二表法测量

二表法适用于三相三线制电路,并且无论负载是星形接法还是三角形接法,也无论负载是否对称。

二表法测量三相交流电路功率的接线图如图 4.7.5 所示。两块功率表的电流线圈分别串入两相线(火线)中,而功率表的电压线圈非星号端均接在剩余的一相线上。若两块功率表测得功率为 $P_1$ 和 $P_2$,则三相电路总功率 $P=P_1+P_2$。

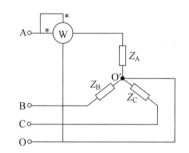

图 4.7.4　用一表法测量三相四线制
电路三相功率的电路图

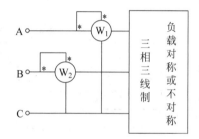

图 4.7.5　用二表法测量三相三线制
电路三相功率的电路图

在用二表法测量三相总功率时,要特别注意电压、电流线圈极性端的连接。在极性连接正确的情况下,两块功率表中的一块可能会反转,这时可拨动功率表的反转开关,使功率表正转,但在计算总功率时,该值应取负值。若功率表无反转开关,则可改接反转表的电流线圈的极性使之正转,同样取其读数为负值。

### 4.7.4　实验任务

实验用的灯箱内部结构如图 4.7.6 所示。开关 $S_1$ 控制 4 盏白炽灯的点亮和熄灭,开关 $S_2$ 控制另外 2 盏白炽灯泡的点亮和熄灭。电流插口 ST 与灯泡负载串联,用于测量其相电流。

三相交流电源由实验台上左下角的三相电压输出端提供,各相端口为 $L_1$、$L_2$、$L_3$,电源中点为 N。

**1. 星形接法负载电路的电压、电流测量(必做)**

(1) 用三只灯箱作三相负载的星形接法,按图 4.7.7 所示电路接线。

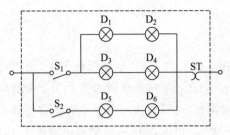

图 4.7.6 灯箱的结构示意图

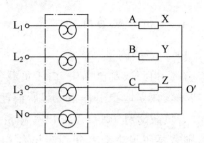

图 4.7.7 三相负载星形接法电路

(2) 负载对称(各相开 4 盏灯)时,

① 测量有中线时各线电压、相电压、线电流以及中线电流。

② 测量无中线时各线电压、相电压、线电流、相电流以及中线电流 $I_{NO'}$、中点间电压 $U_{NO'}$(负载中点 $O'$ 与电源中点 N 之间的电压)。

(3) 负载不对称(A 灯箱开 2 盏灯,B 灯箱开 4 盏灯,C 灯箱开 8 盏灯)时,重复上述测量,并注意观察各相灯泡的亮度。根据实验结果来分析中线的作用,将各次测量数据记入表 4.7.1。

表 4.7.1 负载星形接法的测量数据

| 负载情况 | | 线电压/V | | | 相电压/V | | | 相(线)电流/A | | | $I_{NO'}$/A | $U_{NO'}$/V |
|---|---|---|---|---|---|---|---|---|---|---|---|---|
| | | $U_{AB}$ | $U_{BC}$ | $U_{CA}$ | $U_{AO'}$ | $U_{BO'}$ | $U_{CO'}$ | $I_A$ | $I_B$ | $I_C$ | | |
| 对称 | 有中线 | | | | | | | | | | | |
| | 无中线 | | | | | | | | | | | |
| 不对称 | 有中线 | | | | | | | | | | | |
| | 无中线 | | | | | | | | | | | |

**2. 三角形接法负载电路的电压、电流测量(选做)**

三相负载的三角形接法,按图 4.7.8 所示电路接线。

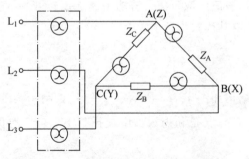

图 4.7.8 三相负载三角形接法电路

(1) 负载对称,每相开 4 盏灯。

(2) 负载不对称,AX、BY、CZ 分别开 2、4、6 盏灯,测量各线(相)电压、线电流以及相电流,并将测量数据记入表 4.7.2 中。

表 4.7.2　负载三角形连接的测量数据

| 负载情况 | 线(相)电压/V | | | 线电流/A | | | 相电流/A | | |
| --- | --- | --- | --- | --- | --- | --- | --- | --- | --- |
| | $U_{AB}$ | $U_{BC}$ | $U_{CA}$ | $I_A$ | $I_B$ | $I_C$ | $I_{AB}$ | $I_{BC}$ | $I_{CA}$ |
| 对称 | | | | | | | | | |
| 不对称 | | | | | | | | | |

**3. 三相负载的功率测量**

分别用一表法和二表法测量图 4.7.7 和图 4.7.8 所示电路在负载对称和不对称时的有功功率，并把两种方法测得的总功率作比较。

### 4.7.5　注意事项

(1) 由于三相电源相电压为 220 V，所以实验中应时刻注意用电安全，改换接线前，必须先切断电源，切记！

(2) 测量每一个物理量之前，必须看清其所在的位置，切忌盲目操作。

(3) 实验中，若出现异常现象(如跳闸)，不必惊慌，应当机立断切断电源，找出故障原因，排除故障后方可继续实验。

### 4.7.6　实验报告要求与思考题

(1) 整理实验数据，将测量数据填入相应表格，验证对称三相电路线电压与相电压、线电流与相电流的 $\sqrt{3}$ 倍的关系。

(2) 分析并总结实验过程中遇到的问题。

(3) 回答以下思考题。

① 讨论在负载对称的星形接法中，若负载一相开路或短路，在有中线和无中线两种情况下，分别会出现什么现象？并由此说明，在三相四线制电路中中线上为什么不允许接熔断器？

② 当不对称负载作三角形接法时，线电流是否相等，线电流与相电流之间是否成固定的比例关系？

### 4.7.7　实验仪器及设备

(1) KGL-I 型电工技术实验系统。
(2) DGL-I(6) 型电流接线盒。
(3) 单相调压变压器。
(4) 交流电流表。
(5) 交流电压表。
(6) 低功率因数功率表。

## 4.8 常用电子仪器的使用

### 4.8.1 预习要求

(1) 了解 2.2.5 节"示波器"的工作原理、常用主要旋钮按键的作用和校准方法。

(2) 学习 2.2.3 节"函数信号发生器"和 2.2.4 节"交流毫伏表"的使用方法。

(3) 掌握用示波器测量信号幅度、周期的方法,熟悉正弦波峰-峰值与有效值之间的关系。

(4) 回答下列问题。

① 将"校准信号"的方波输入示波器,信号的频率为 1 kHz,峰-峰值为 3 V,从示波器显示屏上观察到的幅度在 $Y$ 轴上占 6 格(即 6 div),一个周期在 $X$ 轴上占了 5 格,则 $Y$ 轴灵敏度选择开关应置于____/div 的位置,$X$ 轴时基旋钮置于____/div 的位置。

② 交流毫伏表用于测量何种电压?_____

③ 若函数信号发生器的频率挡选择按钮置于 10 kHz 挡,则调节频率细调旋钮可使其输出信号的频率在_____至_____范围内变化。

### 4.8.2 实验目的

(1) 掌握常用电子仪器的使用方法。

(2) 掌握几种典型信号的幅值、有效值和周期的测量。

(3) 掌握正弦信号相位差的测量方法。

### 4.8.3 实验原理

**1. 双踪示波器的使用**

示波器是常用的电子测量仪器之一,可分为模拟示波器和数字示波器两种。示波器是一种电子图示测量仪器,利用它能够直观地观察被测信号的真实波形;利用示波器的 $Y$ 轴灵敏度选择开关和 $X$ 轴时基旋钮可测量周期信号的波形参数(幅度、周期和相位差等)。

1) 幅度测量

使用示波器来测量波形参数时,首先读取屏幕上波形在垂直方向上的偏转格数,再乘以屏幕垂直方向每格波形所代表的电压(mV/div 或 V/div),即可读出幅度值。例如:

$U_{p-p}$ = 垂直方向峰-峰之间的格数 × $Y$ 轴灵敏度数值(mV/div 或 V/div)

当输入恒定直流信号时,显示波形为一条水平线,但它在垂直方向上相对于平衡位置偏转了一段距离,这段距离就代表直流信号电压的大小。

当输入交流信号时,可以在屏幕上读出波形的幅值或峰-峰值的大小。其幅值为正向或负向的最大值,峰-峰值是指正向最大值到负向最大值的距离。当波形对称时,峰-峰值 $U_{p-p}$ 为幅值的 2 倍。

当输入信号中包含有交流分量及直流分量时,所显示的波形本身反映了交流分量的变化,将输入耦合方式置于"AC"时,仅仅能看到交流分量。当按下"⊥"(接地)按钮时,可以找出输入电压零参考点,记下该参考点的位置后,抬起接地按钮,把"AC"挡换到"DC"挡,可以根据波形偏移格数,求出其直流分量,如图 4.8.1 所示。

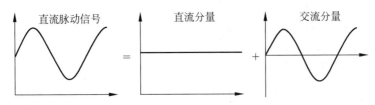

图 4.8.1 含有交、直流信号的测量

2) 周期测量

示波器的扫描速度是用时基旋钮刻度 $t/\text{div}$,即在 $X$ 轴方向偏转一格所需要的时间来表示的。将被测波形在 $X$ 轴方向的偏转格数乘以刻度值,就能求出时间的长短。例如,周期信号的周期 $T$:

$$T = \text{水平方向一个周期占的格数} \times X \text{轴灵敏度数值}(\text{ms/div 或 s/div})$$

3) 相位差测量

测量两个同频率信号的相位差,可以用双迹法和椭圆截距法两种方法完成。

(1) 双迹法

调节两个输入通道的位移旋钮,使两条时基线重合,选择作为测量基准的信号为触发源信号,两个被测信号分别从 $CH_1$ 和 $CH_2$ 输入,在屏幕上可显示出两个信号的波形,如图 4.8.2 所示。从图中读出 $L_1$、$L_2$ 的格数,则它们的相位差为

$$\varphi = \frac{L_1}{L_2} \times 360° \tag{4.8.1}$$

(2) 椭圆截距法

把两个信号分别从 $CH_1$ 和 $CH_2$ 输入示波器,同时把示波器的显示方式设为 $X\text{-}Y$ 工作方式,则在荧光屏上会显示出一个椭圆,如图 4.8.3 所示。测出图中 $a$、$b$ 的格数,则相位差为

$$\varphi = \arcsin \frac{a}{b} \tag{4.8.2}$$

4) 校准测量

为了保证示波器测量的准确性,示波器内部均带有校准信号,实验室用示波器的校准信号为一方波,其频率为 1 kHz,峰-峰值为 3 V。在使用示波器测量未知信号之前,可将校准信号输入探测通道,校验示波器的 $Y$ 轴灵敏度及 $X$ 轴扫描时基是否准确。若 $X$ 轴扫描时基选择 0.2 ms/div,观察波形一个周期所占的格数是否为 5 格;若 $Y$ 轴灵敏度选择 0.5 V/div,观察波形峰-峰之间占的格数是否为 6 格。若显示结果正确,就可用来定量测量被测的未知信号。若校准不正确,则需要仔细检查示波器探头线是否异常;或检查示波器各项参数并进行二次校准。如实在无法解决可以咨询指导教师。

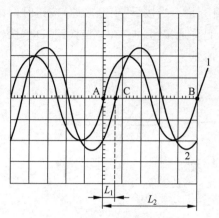
图 4.8.2 双迹法测量相位差

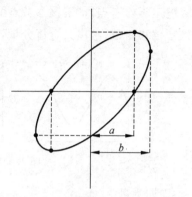
图 4.8.3 椭圆截距法测量相位差

### 2. 函数信号发生器的使用

函数信号发生器是用于提供各种激励波形的信号电源,一般需要调节以下功能:
(1) 信号的波形;
(2) 信号的频率;
(3) 信号的幅值。

具体的调节步骤和使用方法见 2.2.3 节"函数信号发生器"的有关内容。

### 3. 交流毫伏表的使用

交流毫伏表是用来测量正弦交流电压有效值的电子仪器。与一般交流电压表相比,交流毫伏表的量程多,频率范围宽,灵敏度高,适用范围更广。

具体的测量步骤见 2.2.4 节"交流毫伏表"的有关内容。

## 4.8.4 实验任务

### 1. 示波器的校准

用示波器显示校准方波信号($f=1$ kHz,$U_{p-p}=3$ V)的波形,测量该电压的幅值、周期,并将测量结果与已知的标准幅值、周期相比较,结果填入表 4.8.1 中。

表 4.8.1 示波器校准数据

| 校验挡位 | Y 轴(峰-峰值) | | X 轴(每周期格数) | |
| --- | --- | --- | --- | --- |
| | 0.5 V/div 挡位 | 1 V/div 挡位 | 0.5 ms/div 挡位 | 0.2 ms/div 挡位 |
| 应显示的标准格数 | | | | |
| 实际显示的格数 | | | | |
| 校验结果 | | | | |

**注意**:若实际显示的格数与应显示的格数不一致,应检查 Y 轴灵敏度及时基旋钮的微调是否已放至校准位置。

## 2. 几种典型信号的测量

1) 正弦波的测量

用函数信号发生器分别产生如表4.8.2中要求的正弦波，其频率、峰值均由LCD显示屏指示，再用示波器观察这些正弦交流电压的波形，观察时要求显示2～3个周期的正弦波，且峰-峰值间距为4～8格，观察每一种正弦波，将主要控件所处位置填入表4.8.2。

表 4.8.2 正弦波的测量数据

| 被测信号 | Y轴输入通道 | 输入耦合方式选择 | 触发信号选择 | Y轴V/div开关位置 | 峰值显示的格数 | X轴t/div开关位置 | 周期显示的格数 |
|---|---|---|---|---|---|---|---|
| $U_{p-p}=2$ V $f=500$ Hz | | | | | | | |
| $U_{p-p}=4$ V $f=5$ kHz | | | | | | | |

2) 叠加在直流电压上的正弦波的测量

调节函数信号发生器的"OFFSET"旋钮（直流电平调节），产生一个叠加在直流电压上的正弦波。由示波器显示该信号波形，要求其直流分量为1 V，交流分量峰-峰值为4 V，频率为1 kHz，如图4.8.4所示，简述操作步骤。

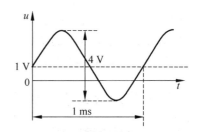

图 4.8.4 叠加在直流电压上的正弦波

3) 几种周期信号的幅值、有效值及频率的测量

调节函数信号发生器，使它的输出信号波形分别为正弦波、方波和三角波，信号的频率为5 kHz（由函数信号发生器指示频率），信号的有效值由交流毫伏表测量为2 V，用示波器显示波形，并且测量其周期和峰值，计算出频率和有效值，数据填入表4.8.3。

表 4.8.3 几种周期信号的测量数据

| 信号波形 | 函数信号发生器频率指示/kHz | 交流毫伏表指示/V | 示波器测量值 | | 计算值 | |
|---|---|---|---|---|---|---|
| | | | 周期 | 峰值 | 周期 | 峰值 |
| 正弦波 | 5 | 2 | | | | |
| 方 波 | 5 | * | | | | * |
| 三角波 | 5 | * | | | | * |

注：*表示不需要测量。

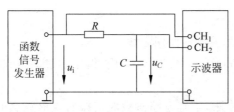

图 4.8.5 相位差测量电路

## 3. 相位差的测量

按图4.8.5接线，函数信号发生器输出正弦波的频率为1 kHz，有效值为3 V（由交流毫伏表测出）。用示波器测量表4.8.4中所列两组参数的情况下$u_i$与$u_C$间的相位差$\varphi$。

表 4.8.4 相位差的测量数据

| 序号 | 电路条件 | 测量值 | | 计算值 |
|---|---|---|---|---|
| | | $L_1$ | $L_2$ | $\varphi$ |
| 1 | $R=1\text{ k}\Omega, C=0.1\text{ }\mu\text{F}$ | | | |
| 2 | $R=2\text{ k}\Omega, C=0.1\text{ }\mu\text{F}$ | | | |

### 4.8.5 注意事项

（1）在了解示波器、函数信号发生器的使用方法以及各旋钮和开关的作用之后，再动手操作。使用这些仪器时，转动各旋钮和拨动开关时不要用力过猛。

（2）示波器的使用注意事项：

① 数字示波器接通电源后，需等待系统启动程序结束再开始使用。使用过程中，应避免频繁开关电源，以免损坏示波器。

② 测量被测信号的幅度和周期时，可调节水平控制区与垂直控制区的"SCALE"旋钮，使观测的波形在屏幕上横向显示 1～2 个周期，纵向占 4～8 格，再进行读数。

③ 示波器各输入探头的地线均与机壳相连，不可接在电路中不同的电位点上。示波器和函数信号发生器的地线必须接在相同的电位点上。

### 4.8.6 实验报告要求与思考题

（1）在坐标纸上绘制示波器测得的各个波形和曲线，将测量数据填入相应表格，并计算各信号的参数。

（2）分析并总结实验过程中遇到的问题。

### 4.8.7 实验仪器及设备

（1）示波器。

（2）函数信号发生器。

（3）交流毫伏表。

（4）电工实验板。

## 4.9 串联谐振电路的研究

### 4.9.1 预习要求

（1）掌握函数信号发生器、交流毫伏表和双踪示波器的使用方法。

（2）按实验电路给定的参数 $R=100\text{ }\Omega$、$L=4\text{ mH}$、$C=0.47\text{ }\mu\text{F}$，计算谐振频率 $f_0$ 和品质因数 $Q$ 的值。

（3）掌握串联谐振电路幅频特性曲线的测量方法，了解电路参数对谐振曲线形状及谐振频率的影响。

(4) 回答下列问题。

① 在 $RLC$ 串联电路中,当 $f=$ _____ 时,电路达到谐振状态。此时,电路中的电流和电压的相位差 $\Delta\varphi=$ _____,电路呈 _____(阻性、感性、容性),总阻抗 $Z_0$ 达到 _____(最大、最小),总电流达到 _____(最大、最小)。

② $RLC$ 串联谐振电路的品质因数 $Q=$ _____,通频带 $BW=$ _____。

③ 若 $RLC$ 串联电路中只有电阻 $R$ 发生改变,那么谐振频率 $f_0$ _____(变化、不变);如果 $R$ 变小,$Q$ 值 _____(变大、变小),通频带 $BW$ _____(变宽、变窄)。

### 4.9.2 实验目的

(1) 观察 $RLC$ 串联电路谐振现象,加深对其谐振条件和特点的理解。
(2) 测定 $RLC$ 串联谐振电路的幅频特性曲线、通频带及 $Q$ 值。
(3) 研究 $RLC$ 串联电路的频率特性,学习其幅频特性曲线的绘制方法。

### 4.9.3 实验原理

**1. $RLC$ 串联电路的阻抗**

$RLC$ 串联电路如图 4.9.1 所示,电路的阻抗是激励信号角频率 $\omega$ 的函数,即

$$Z = R + j\left(\omega L - \frac{1}{\omega C}\right) = R + jX = |Z| \angle \varphi \tag{4.9.1}$$

若电路参数保持不变,则阻抗随电源频率发生变化,如图 4.9.2 所示。

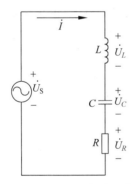

图 4.9.1 $RLC$ 串联电路

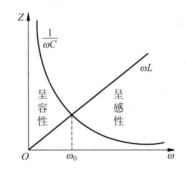

图 4.9.2 电路阻抗随角频率 $\omega$ 的变化

当 $\omega L = \dfrac{1}{\omega C}$,即 $\omega = \omega_0 = \dfrac{1}{\sqrt{LC}}$ 时,$Z=R$,阻抗呈阻性,$|Z|$ 为最小值,$\varphi=0$,端口电压和电流同相位。

当 $\omega < \omega_0$ 时,$Z = R + jX$,其中 $X < 0$,阻抗呈容性,阻抗角 $\varphi < 0$,端口电压相位滞后电流相位;当 $\omega > \omega_0$ 时,$X > 0$,阻抗呈感性,阻抗角 $\varphi > 0$,端口电压相位超前电流相位。

**2. 谐振状态的特征**

当 $\omega L = \dfrac{1}{\omega C}$ 时,$Z = R$,$\varphi = 0$,此时电路处于谐振状态。可通过调节电路参数($L$ 或 $C$)或

改变电源的频率使电路处于谐振状态,谐振频率为

$$\omega_0 = \frac{1}{\sqrt{LC}} \tag{4.9.2}$$

$$f_0 = \frac{1}{2\pi\sqrt{LC}} \tag{4.9.3}$$

谐振频率与电阻 $R$ 的大小无关。

此时,电路一般具有以下特征:

(1) 阻抗 $Z=Z_0=R$ 为最小,且电路为纯电阻性。

(2) 当端口的激励电压一定时,回路中的电流 $I_0$ 和电阻端电压 $U_R$ 达到最大值,即

$$I_0 = \frac{U_S}{|Z|} = \frac{U_S}{R} \tag{4.9.4}$$

$$U_R = RI_0 = U_S \tag{4.9.5}$$

(3) 电感电压 $U_L$ 与电容电压 $U_C$ 大小相等、相位相反,即

$$U_L = U_C = \frac{I_0}{\omega_0 C} = I_0 \omega_0 L \tag{4.9.6}$$

因此,串联谐振又称为电压谐振,相量图如图 4.9.3 所示。

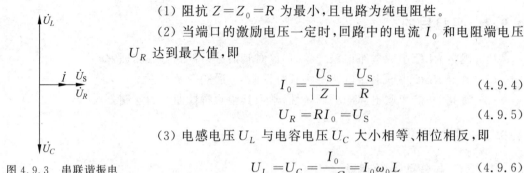

图 4.9.3 串联谐振电路的相量图

### 3. 品质因数 Q 和频率特性曲线

1) 品质因数 Q

当 $RLC$ 串联电路处于谐振状态时,电感或电容两端电压与电源电压之比值用品质因数 $Q$ 表示,$Q$ 值同时为谐振时感抗或容抗与回路电阻之比,即

$$Q = \frac{U_L}{U_S} = \frac{U_C}{U_S} = \frac{\omega_0 L}{R} = \frac{1}{\omega_0 RC} = \frac{1}{R}\sqrt{\frac{L}{C}} \tag{4.9.7}$$

式中,$\sqrt{\frac{L}{C}}$ 称为谐振电路的特征阻抗。在串联谐振电路中,$\sqrt{\frac{L}{C}} = \omega_0 L = \frac{1}{\omega_0 C}$。

2) 串联谐振电路的频率特性

$RLC$ 串联电路中,电流的大小与端口的激励信号电压源角频率之间的关系,即电流的幅频特性的表达式为

$$I(\omega) = \frac{U_S}{|Z|} = \frac{U_S}{\sqrt{R^2 + \left(\omega L - \frac{1}{\omega C}\right)^2}} = \frac{U_S}{R\sqrt{1 + Q^2\left(\frac{\omega}{\omega_0} - \frac{\omega_0}{\omega}\right)^2}} \tag{4.9.8}$$

根据式(4.9.8)可以定性画出 $I$ 随 $\omega$ 变化的曲线,如图 4.9.4 所示,称为幅频特性曲线。

当电路的 $L$ 和 $C$ 保持不变时,改变 $R$ 的大小,可以得到不同的 $Q$ 值时的电流幅频特性曲线,如图 4.9.4 所示。显然,$R$ 值越小,$Q$ 值越大,曲线越尖锐。

$R$ 不同时,谐振电路中的电流峰值 $I_0 \left(I_0 = \frac{U_S}{R}\right)$ 也各不相同,因此可得

$$\frac{I}{I_0} = \frac{1}{\sqrt{1 + Q^2 \left(\frac{\omega}{\omega_0} - \frac{\omega_0}{\omega}\right)^2}} \qquad (4.9.9)$$

此时,将幅频特性曲线坐标改为 $\frac{I}{I_0}$-$\frac{\omega}{\omega_0}$,得到通用幅频特性曲线,如图 4.9.5 所示。为了具体说明电路对频率的选择能力,规定 $\frac{I}{I_0} \geqslant \frac{1}{\sqrt{2}}$ 的频率范围为电路的通频带。当 $I = 0.707 I_0$ 时,电路工作的角频率分别称为下限频率 $\omega_L$ 及上限频率 $\omega_H$,则通频带为

$$BW = \omega_H - \omega_L = \frac{\omega_0}{Q} \quad \text{或} \quad BW = f_H - f_L = \frac{f_0}{Q} \qquad (4.9.10)$$

通过图 4.9.5 及式(4.9.10)可知,在电路 $L$ 和 $C$ 保持不变的条件下,$R$ 值越小,品质因数 $Q$ 值越大,其曲线形状越尖锐,通频带越窄,电路对输入信号频率的选择能力就越强。

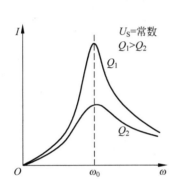

图 4.9.4 RLC 串联电路的幅频特性曲线

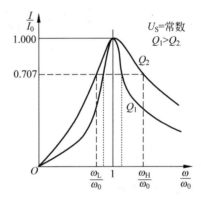

图 4.9.5 RLC 串联电路的通用幅频特性曲线

### 4.9.4 实验任务

本次实验采用图 4.9.6 所示电路,所用电源为函数信号发生器,由它可以获得一个具有一定有效值而频率可变的正弦电压信号。由于实验是在声频范围内进行的,因此必须采用

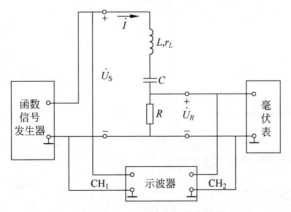

图 4.9.6 RLC 串联电路实验图

晶体管毫伏表来测量电路的有关电压。同时电流 $I$ 是借助测量一个已知电阻的电压来实现的,而不是用电流表来直接测量的。

### 1. RLC 串联谐振电路的测量

(1) 电路中,电容 $C=0.47\ \mu F$ 和一组线圈 $L=$ _____ H,$r_L=$ _____ Ω(根据设备做记录)保持不变。调节函数信号发生器使输出电压 $U_S=3\ V$(用交流毫伏表测量)。改变频率使其在 200 Hz～20 kHz 范围内变化。

(2) 使用双踪示波器同时观测信号源输出信号 $U_S$ 和电阻 $R$ 两端电压信号 $U_R$ 的幅值及相位关系,随信号源频率的变化情况。

(3) 当电流最大,即 $U_R$ 最大,$U_S$ 与 $U_R$ 相位差为零时的频率即为谐振频率 $f_0$。

(4) 测定不同阻值 $R$ 的情况下,当电路发生谐振时,电路中各元件的电压值,记录于表 4.9.1 中。

表 4.9.1　不同 $R$ 值参数的谐振点测量数据

| 测量内容 | 测量值 | | | 计算值 | |
|---|---|---|---|---|---|
| | $f_0$/Hz | $U_{R0}$/V | $U_{C0}$/V | $I_0=\dfrac{U_{R0}}{R}$ | $Q=\dfrac{U_{C0}}{U_S}$ |
| $R=100\ \Omega$ | | | | | |
| $R=20\ \Omega$ | | | | | |

**注意**:在测量电容端电压 $U_C$ 时,需要把 RLC 串联谐振电路中电阻与电容的位置互换。

### 2. 幅频特性曲线的测量

(1) 保持信号源电压 $U_S=3\ V$ 不变,改变频率使其在 200 Hz～20 kHz 范围内变化,取 10 个以上的测试点进行测量,其中在 $f_0$ 附近的测试点要取得相对密些。

(2) 使用毫伏表测量当 $U_R=0.707U_{R0}$ 时的下限频率 $f_L$ 及上限频率 $f_H$。

(3) 电阻 $R=100\ \Omega$ 时,将测得的 $U_R$ 及相应频率记入表 4.9.2 中,计算通频带 BW 及 $Q$ 值。

表 4.9.2　幅频特性曲线测量数据

| $f$/Hz | 200 | $0.3f_0$ | $f_L$ | … | $0.9f_0$ | $f_0$ | $1.2f_0$ | … | $f_H$ | … | 20000 |
|---|---|---|---|---|---|---|---|---|---|---|---|
| $U_R$/V | | | | | | | | | | | |
| $\dfrac{I}{I_0}=\dfrac{U_R}{U_{R0}}$ | | | 0.707 | | | 1 | | | 0.707 | | |

(4) 将电阻 $R$ 改为 20 Ω,电感线圈及电容均不变,重复上述测量,将数据记入自拟表格中,计算此时的通频带 BW 及 $Q$ 值(选做)。

### 4.9.5　注意事项

(1) 在使用函数信号发生器时,其输出端切勿短路。本实验使用其功率输出端口。

(2) 本实验中,输入信号的频率有较大范围的变化,但其幅值 $U_S = 3\text{ V}$ 一直保持不变,并在实验前务必使用晶体管毫伏表校准。

(3) 在实验中,所有电子仪器与实验电路必须共地。

### 4.9.6 实验报告要求与思考题

(1) 根据记录的数据,确定在串联谐振电路中不同 $R$ 值时的谐振频率 $f_0$、品质因数 $Q$ 及通频带 BW,与理论计算值进行比较分析,从而说明电路参数对谐振特性的影响。

(2) 根据所测实验数据,在同一坐标上绘出不同 $R$ 值时串联谐振电路的通用幅频特性曲线 $\left(\text{即} \frac{I}{I_0}\text{-}\frac{\omega}{\omega_0}\left(\frac{f}{f_0}\right) \text{关系曲线}\right)$。

(3) 回答以下思考题。

① 可用哪些方法判别电路处于谐振状态?

② 在实验中,当 $RLC$ 串联电路产生谐振时,是否有 $U_R = U_S$,线圈电压 $U_L = U_C$?分析其原因。

③ 阻值 $R$ 不同的电路,品质因数 $Q$ 有何不同?其幅频特性曲线有何不同?在实验中用示波器观察时,能否看出其不同点?

### 4.9.7 实验仪器及设备

(1) 双踪示波器。

(2) 函数信号发生器。

(3) 交流毫伏表。

(4) 数字万用表。

(5) 电工实验板。

## 4.10 RC 网络频率特性的研究

### 4.10.1 预习要求

(1) 理解频率特性的概念和测量方法,拟定记录实验数据的表格。考虑应用对数坐标时测试点应如何选取。

(2) 估算出低通滤波电路和高通滤波电路的截止频率 $f_C$。

(3) 回答下列问题。

① 在 RC 高通滤波电路中,当频率升高时,由于容抗 $\frac{1}{j\omega C}$ _____(减小、增加),而使输出电压幅值 _____(增大、减小)。

② 在 RC 低通滤波电路中,由于容抗随频率升高而 _____(减小、增加),所以输出电压也随频率升高而 _____(增大、减小)。

### 4.10.2 实验目的

(1) 掌握幅频特性和相频特性的测量方法。
(2) 加深对常用 RC 网络幅频特性的理解。
(3) 学会应用对数坐标来绘制频率特性曲线。

### 4.10.3 实验原理

**1. 网络频率特性的定义**

由 RC 元件组成的串联、并联或混联的二端口网络，当输入端接受不同频率的正弦信号激励时，由于容抗 $X_C = \dfrac{1}{2\pi fC}$ 是随频率变化的，从而电路的阻抗、电流都将随频率 $f$ 变化。因此，二端口网络的输出电压 $\dot{U}_\text{o}$ 与输入电压 $\dot{U}_\text{i}$ 之比是频率 $\omega$ 的函数，将该函数称为正弦稳态下的网络函数，用 $\dot{H}(\text{j}\omega)$ 表示，即

$$\dot{H}(\text{j}\omega) = \frac{\dot{U}_\text{o}}{\dot{U}_\text{i}} = |H(\text{j}\omega)| \text{e}^{\text{j}\varphi(\omega)} = \frac{U_\text{o}}{U_\text{i}}(\omega) \angle \varphi(\omega) \tag{4.10.1}$$

式中，函数的模 $|\dot{H}(\text{j}\omega)| = \dfrac{U_\text{o}}{U_\text{i}}(\omega)$，它随频率 $\omega$ 变化的规律称为幅频特性；函数的辐角 $\varphi(\omega) = \psi_{u_\text{o}} - \psi_{u_\text{i}}$，它随频率 $\omega$ 变化的规律称为相频特性。

通常，根据 $|\dot{H}(\text{j}\omega)|$ 随频率 $\omega$ 变化的趋势，将 RC 网络分为低通(low-pass, LP)电路、高通(high-pass, HP)电路、带通(band-pass, BP)电路、带阻(band-stop, BS)电路等。

1) RC 低通网络

如图 4.10.1(a)所示为 RC 低通网络，该电路的频率特性为

$$\dot{H}(\text{j}\omega) = \frac{\dot{U}_\text{o}}{\dot{U}_\text{i}} = \frac{1/(\text{j}\omega C)}{R + 1/(\text{j}\omega C)} = \frac{1}{1 + \text{j}\omega RC} \tag{4.10.2}$$

(1) 该函数的模为 $|\dot{H}(\text{j}\omega)| = \dfrac{1}{\sqrt{1 + (\omega RC)^2}}$，随着频率 $\omega$ 变化的曲线为 RC 低通网络的幅频特性曲线，如图 4.10.1(b)所示。

(2) 函数的辐角 $\varphi(\omega) = -\arctan(\omega RC)$，随着频率 $\omega$ 变化的曲线为 RC 低通网络的相频特性曲线，如图 4.10.1(c)所示。

显然，随着频率的增加，$|\dot{H}(\text{j}\omega)|$ 逐渐变小，这说明低频信号可以通过该网络，而高频信号被明显衰减或抑制，故称为低通滤波电路。当 $\omega = \dfrac{1}{RC}$ 时，$|\dot{H}(\text{j}\omega)| = \dfrac{U_\text{o}}{U_\text{i}} = 0.707$，因此通常把该角频率 $\omega$ 称为截止角频率 $\omega_\text{C}$，此时 $\varphi = -45°$，即 $\dot{U}_\text{o}$ 比 $\dot{U}_\text{i}$ 滞后 $45°$。

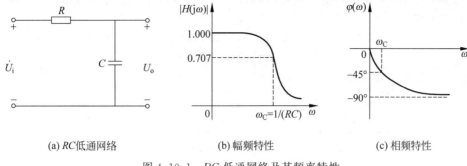

(a) RC低通网络　　　　　　(b) 幅频特性　　　　　　(c) 相频特性

图 4.10.1　RC 低通网络及其频率特性

2) RC 高通网络

如图 4.10.2(a)所示为 RC 高通网络,该电路的频率特性为

$$\dot{H}(j\omega) = \frac{\dot{U}_o}{\dot{U}_i} = \frac{R}{R + 1/(j\omega C)} = \frac{j\omega RC}{1 + j\omega RC} \quad (4.10.3)$$

(1) 该函数的模为 $|\dot{H}(j\omega)| = \dfrac{1}{\sqrt{1 + \left(\dfrac{1}{\omega RC}\right)^2}}$,随着频率 $\omega$ 变化的曲线为 RC 高通网络的幅频特性曲线,如图 4.10.2(b)所示。

(2) 该函数的辐角 $\varphi(\omega) = 90° - \arctan(\omega RC)$,随着频率 $\omega$ 变化的曲线为 RC 高通网络的相频特性曲线,如图 4.10.2(c)所示。

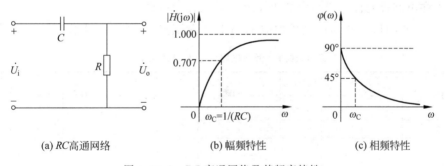

(a) RC高通网络　　　　　　(b) 幅频特性　　　　　　(c) 相频特性

图 4.10.2　RC 高通网络及其频率特性

显然,随着频率的增加,$|\dot{H}(j\omega)|$ 逐渐变大,这说明高频信号可以通过该网络,而低频信号被明显衰减或抑制,故称为高通滤波电路。当 $\omega_C = \dfrac{1}{RC}$ 时,$|\dot{H}(j\omega)| = \dfrac{U_o}{U_i} = 0.707$,因此通常把该角频率 $\omega$ 称为截止角频率 $\omega_C$,此时 $\varphi = 45°$,即 $\dot{U}_o$ 比 $\dot{U}_i$ 超前 $45°$。

## 2. 频率特性的测量方法

1) 逐点法

按图 4.10.3 接好线路后,首先根据电路频率特性曲线的特点找出特征频率点 $f_0$,进行测量;然后在 $f_0$ 两侧依次选取若干点再进行测量。测量中,用交流毫伏表测量电压响应相量的有效值,用双踪示波器测量响应与激励信号的相位差 $\varphi$,并监测激励相量电压峰-峰值($U_{p-p}$)是否不变。

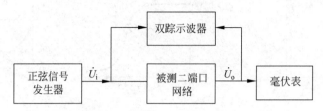

图 4.10.3　逐点法测量二端口网络的频率特性

2) 扫频法

利用频率特性测试仪显示电路幅频特性曲线,其相位差仍需用示波器测量。

### 4.10.4　实验任务

本次实验采用逐点法测量 RC 网络频率特性,接线按照图 4.10.3 所示电路连接。输入端接函数信号发生器,输入正弦电压有效值 $U_i = 3$ V 并保持不变(用毫伏表测量),在 200 Hz～20 kHz 范围内改变频率。用毫伏表测量输出电压 $U_o$,用双踪示波器同时观测 $\dot{U}_i$ 与 $\dot{U}_o$ 信号并记录 $\dot{U}_i$ 与 $\dot{U}_o$ 的相位差。

**1. 测定 RC 低通电路的幅频特性及相频特性(必做)**

(1) 在电路板元件布置图中搭建如图 4.10.1(a)所示电路。

(2) 在 200 Hz～20 kHz 范围内取 10 个以上测试点,将数据记录于表 4.10.1 中。

表 4.10.1　低通电路的频率特性测量数据

| $f$/Hz | 200 | 600 | $0.7f_C$ | $0.9f_C$ | $f_C$ | $1.1f_C$ | $1.5f_C$ | $2f_C$ | $8\times 10^3$ | $12\times 10^3$ | $20\times 10^3$ |
|---|---|---|---|---|---|---|---|---|---|---|---|
| $U_o$/V | | | | | | | | | | | |
| $\dfrac{U_o}{U_i}$ | | | | | 0.707 | | | | | | |
| $\varphi$ | | | | | $-45°$ | | | | | | |

**2. 测定 RC 高通电路的幅频特性及相频特性(选做)**

(1) 在电路板元件布置图中搭建如图 4.10.2(a)所示电路。

(2) 在 200 Hz～20 kHz 范围内取 10 个以上测试点,数据记录于表 4.10.2 中。

表 4.10.2　高通电路的频率特性测量数据

| $f$/Hz | 200 | 600 | $0.7f_C$ | $0.9f_C$ | $f_C$ | $1.1f_C$ | $1.5f_C$ | $2f_C$ | $8\times 10^3$ | $12\times 10^3$ | $20\times 10^3$ |
|---|---|---|---|---|---|---|---|---|---|---|---|
| $U_o$/V | | | | | | | | | | | |

| $f/\text{Hz}$ | 200 | 600 | $0.7f_C$ | $0.9f_C$ | $f_C$ | $1.1f_C$ | $1.5f_C$ | $2f_C$ | $8\times10^3$ | $12\times10^3$ | $20\times10^3$ |
|---|---|---|---|---|---|---|---|---|---|---|---|
| $\dfrac{U_o}{U_i}$ | | | | | 0.707 | | | | | | |
| $\varphi$ | | | | | 45° | | | | | | |

### 4.10.5 注意事项

(1) 在使用函数信号发生器时,由于信号源内阻的影响,输出幅度会随信号频率的变化而变化,因此在调节输出频率时,应同时调节输出幅度,使实验电路的输入电压保持不变。

(2) 测量相频特性时,仔细观察相位超前或滞后的关系。

(3) 在实验中,所有电子仪器与实验电路必须共地。

### 4.10.6 实验报告要求与思考题

(1) 整理各组实验数据,分别在坐标纸上绘出各电路的幅频特性曲线($U_o$-$\omega$)与相频特性曲线($\varphi$-$\omega$)。

(2) 回答思考题:在低通滤波电路与高通滤波电路中寻找截止频率时,怎样测量可以减少误差?

### 4.10.7 实验仪器及设备

(1) 双踪示波器。

(2) 函数信号发生器。

(3) 电工实验板。

(4) 交流毫伏表。

## 4.11 一阶 RC 电路的时域响应

### 4.11.1 预习要求

(1) 掌握函数信号发生器和双踪示波器的使用方法。

(2) 了解方波信号作用于一阶 RC 电路时电路中电流、电压的变化过程。

(3) 理解微分电路和积分电路的工作原理。

(4) 准备在实验时用于记录响应曲线的坐标纸。

(5) 回答下列问题。

① 一阶 RC 电路的时间常数 $\tau=$_____,用以表征过渡过程的长短。$\tau$ 越大,过渡过程就_____。一般认为经过_____$\tau$ 的时间后,过渡过程趋于结束。

② 根据实验任务 1 中的三组电路参数 $R$、$C$ 的值,计算时间常数 $\tau$ 分别等于_____ms、

_____ms、_____ms。为了同时观察到任务1中三组电路的完整过渡过程,确定方波信号的频率 $f=$ _____Hz。

③ 由 RC 元件构成微分电路必须满足两个条件:①_____;②_____。积分电路需要满足两个条件:①_____;②_____。

④ 计算实验任务2中两组电路的时间常数 $\tau$ 分别为_____ms 和_____ms,根据实验任务要求,确定各自方波的频率应为_____Hz 和_____Hz。

### 4.11.2 实验目的

(1) 研究一阶电路时域响应的基本规律和特点以及电路参数对响应的影响。
(2) 研究 RC 积分电路和微分电路的特点。
(3) 掌握使用示波器观察和分析电路的时域响应曲线以及测量一阶电路的时间常数 $\tau$ 的方法。

### 4.11.3 实验原理

可以用一阶微分方程描述的电路称为一阶动态电路。一阶动态电路通常由一个(或若干个)电阻元件和一个储能元件(电容或电感)组成。一阶动态电路时域分析的一般步骤是建立换路后的电路微分方程,求满足初始条件的微分方程的解,即电路的响应。

**1. 一阶 RC 电路的时域响应**

在图 4.11.1 所示的一阶 RC 电路中,当 $t=0$ 时,$u_C(0_-)=0$,开关 S 由位置 2 转至 1,接通直流电压源 $U_S$,电压源通过 R 向 C 充电,电容上的电压 $u_C$ 随时间变化的规律(零状态响应)为

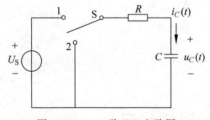

图 4.11.1 一阶 RC 电路图

$$u_C(t)=U_S(1-e^{-\frac{t}{\tau}}), \quad t \geqslant 0 \quad (4.11.1)$$

式中,$\tau=RC$,为该电路的时间常数。

充电时,电容上的电压 $u_C$ 及电流 $i_C$ 随时间变化的曲线如图 4.11.2(a)所示。从充电曲线可以看出,$t>5\tau$ 以后,$u_C(t) \approx U_S$,电路进入稳定状态。

由 $u_C(t)=U_S(1-e^{-\frac{t}{\tau}})$ 可得,当 $t=\tau$ 时,$u_C=U_S(1-e^{-1})=0.632U_S$。

若开关 S 在位置 1 时电路已达到稳态,即 $u_C(0_-)=U_S$,在 $t=0$ 时,将开关 S 由 1 转向 2,电容经 R 放电,电容上的电压 $u_C$ 随时间变化的规律(零输入响应)为

$$u_C(t)=U_S e^{-\frac{t}{\tau}}, \quad t \geqslant 0 \quad (4.11.2)$$

放电时,电容上的电压 $u_C$ 及电流 $i_C$ 随时间变化的曲线如图 4.11.2(b)所示。从放电曲线可以看出,$t>5\tau$ 以后,$u_C(t) \approx 0$,电路进入稳定状态。

由 $u_C(t)=U_S e^{-\frac{t}{\tau}}$ 可得,当 $t=\tau$ 时,$u_C=U_S e^{-1}=0.368U_S$。

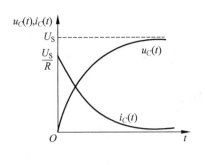 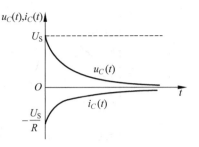

(a) 充电过程的零状态响应曲线　　　　　(b) 放电过程的零输入响应曲线

图 4.11.2　一阶 RC 电路的时域响应曲线

## 2. 一阶 RC 电路的方波响应

动态电路的瞬态过程是十分短暂的单次变化过程，它在瞬间发生又很快消失，所以要想通过普通示波器观察这一过程，必须使这个波形成为周期性重复的波形。为此，在 RC 一阶电路的输入端提供周期性的具有足够幅度、足够脉宽的序列信号，即方波信号，电路图如图 4.11.3(a)所示。

方波的上升沿相当于电路开关 S 从位置 2 打向 1，其响应就是零状态响应；方波的下降沿相当于电路开关从位置 1 打向 2，其响应就是零输入响应。为了清楚地观察到响应的全过程，使方波的脉冲宽度 $t_p$ 和时间常数 $\tau$ 保持 5∶1 左右的关系，即 $t_p \geqslant 5\tau$，周期性方波激励 $u_S(t)$ 的波形与响应 $u_C(t)$ 的波形分别如图 4.11.3(b)、(c)所示。

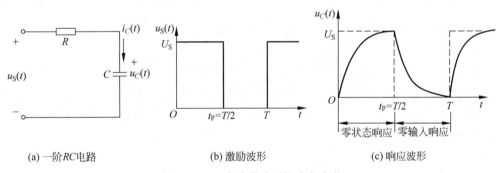

(a) 一阶RC电路　　　　(b) 激励波形　　　　(c) 响应波形

图 4.11.3　方波激励下的响应波形

时间常数 $\tau$ 可以从 $u_C(t)$ 的响应波形中估算出来。设时间坐标单位 $t$ 确定，对于充电曲线而言，幅值上升到稳态值的 63.2% 所对应的时间即为一个 $\tau$，如图 4.11.4(a)所示；对于放电曲线而言，幅值下降到初值的 36.8% 所对应的时间即为一个 $\tau$，如图 4.11.4(b)所示。

若要观察电流波形，将电阻 R 上的电压 $u_R$ 送入示波器即可。因为示波器只能输入电压，而电阻上的电压和电流呈线性关系，即 $i = \dfrac{u_R}{R}$，所以只要将 $u_R(t)$ 波形的纵轴坐标比例乘以 $\dfrac{1}{R}$ 即为 $i(t)$ 的波形。

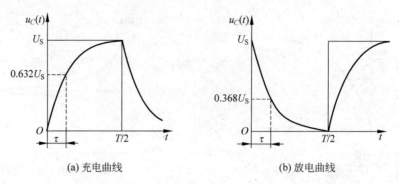

(a) 充电曲线    (b) 放电曲线

图 4.11.4　电容器充、放电电压变化曲线

### 3. 积分电路和微分电路

积分电路和微分电路是一阶 RC 电路中比较典型的电路，实际中应用也很广泛，不仅可以用来进行微分、积分运算，还常用来作为波形变换电路。

1) 积分电路

对于图 4.11.5 所示电路，将电容电压作为输出，$u_S(t)$ 是周期为 $T$ 的方波信号。设 $u_C(0_-)=0$，则

$$u_C(t)=\frac{1}{C}\int i(t)\mathrm{d}t=\frac{1}{C}\int\frac{u_R(t)}{R}\mathrm{d}t=\frac{1}{RC}\int u_R(t)\mathrm{d}t \tag{4.11.3}$$

当电路的时间常数 $\tau=RC$ 很大，即 $\tau\gg\dfrac{T}{2}$ 时，在方波的激励下，电容上充得的电压远小于电阻上的电压，即 $u_C(t)\ll u_R(t)$，所以 $u_S(t)\approx u_R(t)$，则

$$u_C(t)=\frac{1}{RC}\int u_R(t)\mathrm{d}t\approx\frac{1}{RC}\int u_S(t)\mathrm{d}t \tag{4.11.4}$$

若将 $u_C(t)$ 作为输出电压，则 $u_C(t)$ 近似于输入电压 $u_S(t)$ 对时间的积分运算，故在此条件下的 RC 电路称为积分电路。当输入电压 $u_S(t)$ 是方波时，输出电压 $u_C(t)$ 波形为三角波，波形图如图 4.11.6 所示。

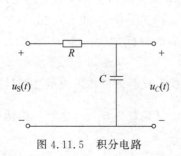

图 4.11.5　积分电路

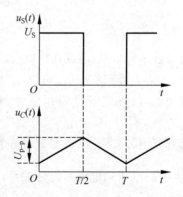

图 4.11.6　积分电路波形

积分电路一定要满足 $\tau \gg \dfrac{T}{2}$，一般取 10 倍即可。若电路参数 $R$ 与 $C$ 已选定，则输入方波信号的频率满足条件：$f > \dfrac{10}{\tau}$。当方波的频率一定时，$\tau$ 值越大，三角波的线性越好，但其峰-峰值随之下降；$\tau$ 值变小时，波形的幅度随之增大，但其线性度将变差。

2) 微分电路

微分电路取 $RC$ 电路的电阻电压 $u_R(t)$ 作为输出，如图 4.11.7 所示。则

$$u_R(t) = R \cdot i(t) = RC \dfrac{\mathrm{d}u_C(t)}{\mathrm{d}t} \tag{4.11.5}$$

当电路的时间常数 $\tau = RC$ 很小，即 $\tau \ll \dfrac{T}{2}$ 时，$u_C(t) \gg u_R(t)$，所以 $u_S(t) \approx u_C(t)$，则

$$u_C(t) = RC \dfrac{\mathrm{d}u_C(t)}{\mathrm{d}t} \approx RC \dfrac{\mathrm{d}u_S(t)}{\mathrm{d}t} \tag{4.11.6}$$

可见，输出电压是输入电压的微分，当输入电压 $u_S(t)$ 为方波时，输出电压 $u_R(t)$ 波形如图 4.11.8 所示，这种电路称为微分电路。

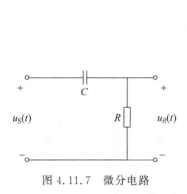

图 4.11.7　微分电路

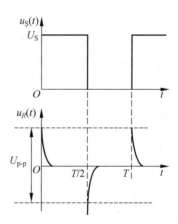

图 4.11.8　微分电路波形

微分电路一定要满足 $\tau \ll \dfrac{T}{2}$ 的条件，一般取 $\tau = \dfrac{T}{10}$。若电路参数 $R$ 与 $C$ 已选定，则取输入信号的频率满足条件：$f < \dfrac{1}{10\tau}$。当输入信号的频率一定时，$\tau$ 值越小，脉冲越尖。

### 4.11.4　实验任务

**1. 研究电路参数对时域响应曲线的影响**

(1) 调节实验所需的方波。用示波器观察函数信号发生器输出的方波信号，将示波器输入耦合方式选择开关置于"DC"挡，调节函数信号发生器的"直流电压"旋钮，将函数信号发生器输出的如图 4.11.9 所示方波信号调整为实验所需的如图 4.11.10 所示的方波信号。

(2) 分别观察图 4.11.1 电路在下列电路参数的方波响应 $u_C(t)$ 的波形，并在同一坐标平面内绘制三组波形。

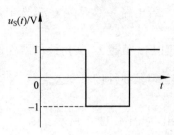
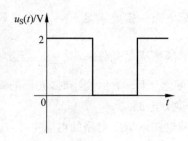

图 4.11.9　不含直流分量的方波信号　　　　图 4.11.10　含直流分量的方波信号

① $R=5.1\text{ k}\Omega, C=0.01\text{ μF}, U_S=2\text{ V}$；
② $R=10\text{ k}\Omega, C=0.01\text{ μF}, U_S=2\text{ V}$；
③ $R=10\text{ k}\Omega, C=0.022\text{ μF}, U_S=2\text{ V}$。

（3）分别观察上述三组电路参数电路的电压波形，换算为电流 $i(t)$ 的波形，并在同一坐标平面内绘制三组波形。

**2. 积分、微分电路的研究**

（1）假设图 4.11.5 所示积分电路中的 $R=2\text{ k}\Omega, C=1\text{ μF}, U_S=2\text{ V}$，绘出 $u_C(t)$ 的波形。

（2）假设图 4.11.7 所示微分电路中的 $R=2\text{ k}\Omega, C=0.01\text{ μF}, U_S=2\text{ V}$，绘出 $u_R(t)$ 的波形。

**3. 时间常数 $\tau$ 的测定（选做）**

如图 4.11.11 所示，方波信号幅度 $U_S=2\text{ V}$，周期 $T=1\text{ ms}, C=0.1\text{ μF}, R_1=R_2=1\text{ k}\Omega$，使用示波器观察充电和放电的 $u_C(t)$ 波形，并根据 $u_C(t)$ 曲线测出充电时间常数 $\tau_1$ 和放电时间常数 $\tau_2$。理论计算值：

（1）充电时间常数 $\tau_1 \approx \dfrac{R_1 R_2}{R_1+R_2}C$。忽略了二极管 D 的正向导通电阻。

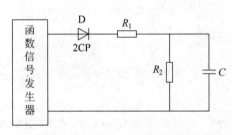

图 4.11.11　时间常数 $\tau$ 的测量电路

（2）放电时间常数 $\tau_2=R_2 C$。利用了二极管 D 的单向导电性。

## 4.11.5　注意事项

（1）为了防止干扰信号的引入，示波器的接地端与被测信号的接地端应连接在一起。
（2）响应波形 $i(t)$ 是通过电阻 $R$ 的端电压 $u_R(t)$ 来观察的。

## 4.11.6　实验报告要求与思考题

（1）在同一坐标平面上绘制出任务 1 中的三组响应曲线，标出零状态响应和零输入响应区域，讨论时间常数 $\tau$ 对电路瞬态过程的影响。

(2) 绘出任务 2 中的各响应曲线,说明其电路的工作特点。

(3) 在响应波形 $u_C(t)$ 中估算出时间常数 $\tau$ 的值,并与计算值相比较,说明影响 $\tau$ 的因素。

(4) 回答以下思考题。

① 若保持电路参数不变,仅改变输入信号 $u_S$ 的幅度,响应曲线会有什么变化?

② 电路参数 $R$、$C$ 一定的微分电路,当输入方波信号频率改变时,输出波形是否变化?为什么?

### 4.11.7 实验仪器及设备

(1) 双踪示波器。

(2) 函数信号发生器。

(3) 电工实验板。

# Multisim 10 仿真实验

## 5.1 Multisim 软件简介

Multisim 是在 EWB 的基础上发展起来的,可以说 Multisim 是 EWB 的升级版。EWB 小巧,常用的 5.0 版本只有 6 MB 左右,而且免安装。Multisim 是加拿大 IIT 公司继 EWB 后推出的以 Windows 为基础的仿真工具。IIT 公司被美国国家仪器有限公司(NI 公司)收购后,更名为 NI Multisim。IIT 公司在被收购前推出的 EWB 和 Multisim 版本包括 EWB4.0、EWB5.0、EWB6.0、Multisim 2001、Multisim 7 和 Multisim 8,NI 公司推出的版本包括 Multisim 9、Multisim 10、Multisim 11 等。

目前 NI 公司推出的版本能够完成从电路仿真设计到电路板图生成的全过程,它包括 4 部分:电路仿真设计的模块 Multisim、PCB 设计软件 Ultiboard、布线引擎 Ultiroute、通信电路分析与设计模块 Commsim。这 4 部分相互独立,可以分别使用。

Multisim 10 是一款原理电路设计、电路功能测试的虚拟仿真软件。它不仅能够用软件的方法虚拟电子与电工元器件,还能够用软件的方法虚拟电子与电工仪器和仪表,实现了"软件即元器件""软件即仪器"。它具有以下特点。

(1) Multisim 10 的元器件库提供数千种电路元器件供实验选用,同时也可以新建或扩充已有的元器件库,而且建库所需的元器件参数可以从生产厂商的产品使用手册中查到,因此在工程设计中使用也很方便。

(2) Multisim 10 的虚拟测试仪器仪表种类齐全,有一般实验用的通用仪器,如万用表、函数信号发生器、双踪示波器、直流电源,还有一般实验室少有或没有的仪器,如波特图仪、数字信号发生器、逻辑分析仪、逻辑转换仪、失真仪、频谱分析仪和网络分析仪等。

(3) Multisim 10 具有较为详细的电路分析功能,可以完成电路的瞬态分析和稳态分析、时域和频域分析、器件的线性和非线性分析、电路的噪声分析和失真分析、离散傅里叶分析、电路零点与极点分析、交直流灵敏度分析等,以帮助设计人员分析电路的性能。

(4) Multisim 10 可以设计、测试和演示各种电子电路,包括模拟电路、数字电路、射频电路及微控制器和接口电路等。可以对被仿真的电路中的元器件设置各种故障,如开路、短路和不同程度的漏电等,从而观察不同故障情况下的电路工作状况。在进行仿真的同时,软件还可以存储测试点的所有数据,列出被仿真电路的所有元器件清单,以及存储测试仪器的工作状态、显示波形和具体数据等。

(5) Multisim 10 有丰富的 Help 功能,它的 Help 系统不仅包括软件本身的操作指南,更重要的是包含所有元器件的功能解说。另外,Multisim 10 还提供了与流行的印制电路板设计自动化软件 Protel 及电路仿真软件 PSpice 之间的文件接口，也能通过 Windows 的剪贴板把电路图送往文字处理系统中进行编辑排版，支持 VHDL 和 Verilog HDL 语言的电路仿真与设计。

（6）利用 Multisim 10 可以实现计算机仿真设计与虚拟实验，和传统的电子电路设计与实验方法相比，它可以边设计边实验，修改、调试方便，设计和实验用的元器件及测试仪器仪表齐全，可以完成各种类型的电路设计与实验；可以方便地对电路参数进行测试和分析；可以直接打印输出实验数据、测试参数、曲线和电路原理图；实验中不消耗实际的元器件，实验所需元器件的种类和数量不受限制，实验成本低，实验速度快、效率高；设计和实验成功的电路可以直接在产品中使用。

综上所述，Multisim 10 易学易用，便于通信工程、电子信息工程、自动化、电气工程及其自动化等相关专业的学生学习和进行综合的设计、实验，培养综合分析能力、开发能力和创新能力。

## 5.2 Multisim 10 的基本界面

Multisim 10 软件以图形界面为主，具有一般 Windows 应用软件的风格，可以方便用户自由使用。单击"开始"→"程序"→"National Instruments"→"Circuit Design Suite 10.0"→"multisim"，启动 Multisim 10 后，出现如图 5.2.1 所示的基本界面。

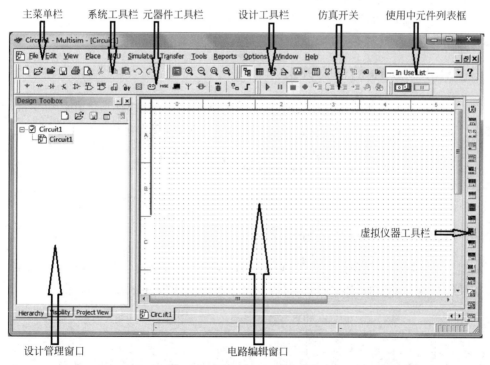

图 5.2.1　Multisim 10 的基本界面

### 5.2.1　Multisim 10 的主菜单栏

Multisim 10 的界面与所有的 Windows 应用程序一样，可以在主菜单中找到各个功能的命令。基本界面最上方是主菜单栏(Menus),共 12 项,如图 5.2.2 所示。

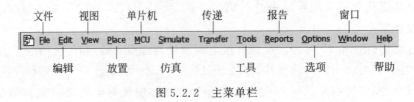

图 5.2.2 主菜单栏

## 5.2.2 Multisim 10 的设计工具栏

设计工具栏(Design Bar)是 Multisim 10 最重要的组成部分,设计工具栏位于主菜单栏下方右侧,如图 5.2.3 所示。

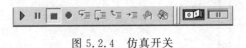

图 5.2.3 设计工具栏

其中,用于显示或隐藏层次项目栏;用于开关当前电路的数据表;可开启数据库管理对话框,对元器件进行编辑;用于调整、增加或创建元件;用于图形编辑器/分析;用于进行仿真结果的进一步操作;可检查电气规则;用于捕捉屏幕面积;转到根目录;和用于打开 Ultiboard Log File 和 Ultiboard 7PCB;可显示当前所使用的所有元器件列表。

## 5.2.3 Multisim 10 的仿真开关

在主菜单栏下方有两处仿真开关,如图 5.2.4 所示。▶ 与 都是仿真启动按钮,单击它即运行或停止仿真。Ⅱ 与 都是仿真暂停按钮。■ 与 都是仿真停止按钮。

图 5.2.4 仿真开关

## 5.2.4 Multisim 10 的元器件工具栏

如图 5.2.5 所示为元器件工具栏,它以元件库的形式显示出各种常用仿真元器件。元器件工具栏是缺省可见的,如不可见,可以单击工具栏中的"Component"按钮。

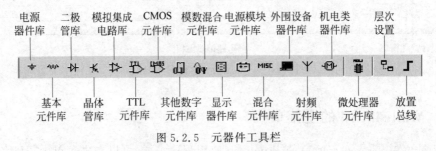

图 5.2.5 元器件工具栏

单击每个元件库都会显示出一个界面,该界面所展示的信息大体相似。单击"基本(Basic)元件库",出现如图 5.2.6 所示界面。

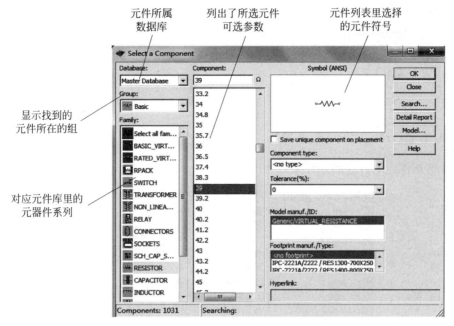

图 5.2.6  Basic 元件库选择界面

下面对几种常用元件库的对应元件系列进行介绍。

### 1. 电源(Sources)器件库

电源器件库包括以下几组元件系列:

| | | | |
|---|---|---|---|
| POWER_SOURCES | 电源 | CONTROLLED_VOLTAGE_SOURCES | 控制电压源 |
| SIGNAL_VOLTAGE_SOURCES | 信号电压源 | CONTROLLED_CURRENT_SOURCES | 控制电流源 |
| SIGNAL_CURRENT_SOURCES | 信号电流源 | CONTROL_FUNCTION_BLOCKS | 控制函数器件 |

### 2. 基本(Basic)元件库

基本元件库包括以下几组元件系列:

| | | | |
|---|---|---|---|
| BASIC_VIRTUAL | 基本虚拟元件 | SCH_CAP_SYMS | 各种元件图标 |
| RATED_VIRTUAL | 定额虚拟元件 | RESISTOR | 电阻器 |
| RPACK | 电阻器组件 | CAPACITOR | 电容器 |
| SWITCH | 开关 | INDUCTOR | 电感器 |
| TRANSFORMER | 变压器 | CAP_ELECTROLIT | 电解电容 |
| NON_LINEAR_TRANSFORMER | 非线性变压器 | VARIABLE_CAPACITOR | 可变电容 |
| RELAY | 继电器 | VARIABLE_INDUCTOR | 可变电感 |
| CONNECTORS | 连接器 | POTENTIOMETER | 电位器 |
| SOCKETS | 插座、管座 | | |

### 3. 二极管(Diodes)元件库

二极管元件库中对应的元件系列如下：

| | | | |
|---|---|---|---|
| DIODES_VIRTUAL | 二极管虚拟元件 | SCR | 晶闸管整流器 |
| DIODE | 二极管 | DIAC | 双向二极管开关 |
| ZENER | 齐纳二极管 | TRIAC | 三端双向晶闸管开关 |
| LED | 发光二极管 | VARACTOR | 变容二极管 |
| FWB | 二极管整流桥 | PIN_DIODE | 插针二极管 |
| SCHOTTKY_DIODE | 肖特基二极管 | | |

### 4. 晶体管(Transistors)元件库

晶体管元件库中对应的元件系列如下：

| | |
|---|---|
| TRANSISTORS_VIRTUAL | 晶体三极管虚拟元件 |
| BJT_NPN | 双极结型NPN型晶体管 |
| BJT_PNP | 双极结型PNP型晶体管 |
| DARLINGTON_NPN | 达林顿NPN管 |
| DARLINGTON_PNP | 达林顿PNP管 |
| DARLINGTON_ARRAY | 达林顿阵列 |
| BJT_NRES | NRES双极结型晶体管 |
| BJT_PRES | PRES双极结型晶体管 |
| BJT_ARRAY | 双极结型晶体管阵列 |
| IGBT | 绝缘栅双极型三极管 |
| MOS_3TDN | N沟道耗尽型金属-氧化物-半导体场效应管 |
| MOS_3TEN | N沟道增强型金属-氧化物-半导体场效应管 |
| MOS_3TEP | P沟道增强型金属-氧化物-半导体场效应管 |
| JFET_N | N沟道耗尽型结型场效应管 |
| JFET_P | P沟道耗尽型结型场效应管 |
| POWER_MOS_N | N沟道MOS功率管 |
| POWER_MOS_P | P沟道MOS功率管 |
| POWER_MOS_COMP | COMP MOS功率管 |
| UJT | UJT管 |
| THERMAL_MODELS | 温度模型 |

### 5. 指示器(Indicators)元件库

指示器元件库中对应的元件系列如下：

| | | | |
|---|---|---|---|
| VOLTMETER | 电压表 | LAMP | 灯 |
| AMMETER | 电流表 | VIRTUAL_LAMP | 虚拟灯 |
| PROBE | 探针 | HEX_DISPLAY | 十六进制显示器 |
| BUZZER | 蜂鸣器 | BARGRAPH | 条柱显示 |

## 5.2.5 Multisim 10 的虚拟仪器工具栏

Multisim 10 最具特色的功能之一是该软件中带有各种用于电路测试任务的虚拟仪器，这些仪器能够逼真地与电路原理图放置在同一个操作界面里，对实验进行各种测试。

虚拟仪器工具栏位于 Multisim 10 的最右侧一列，具体名称如图 5.2.7 所示。

使用时，单击选中所需仪器的图标，将其拖放到电路编辑窗口中，然后将仪器图标中的连接端与相应电路进行正确的连线即可。设置仪器参数时，双击仪器图标便可打开该仪器的属性设置面板,对仪器进行各种参数设置。

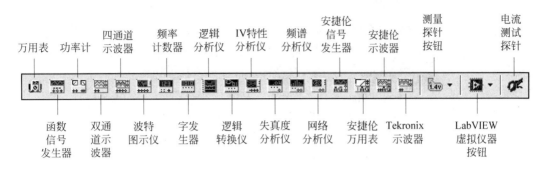

图 5.2.7 虚拟仪器工具栏

### 1. 数字万用表(Multimeter)

数字万用表能够完成交/直流电压、交/直流电流、电阻及电路中两点之间的分贝(dB)的测量。与现实中的万用表相比,其优势在于能够自动调整量程。

如图 5.2.8(a)所示为数字万用表的图标。图标中的"＋""－"两个端子用来与待测电路的端点相连。测电压时,应与待测的端点并联;测电流时,应串联在待测电路中。

双击该图标,得到如图 5.2.8(b)所示的数字万用表参数设置控制面板。其中需要注意的是:"～"测量的是交流电流/电压的有效值,若使用"—"挡来测量交流信号,则测量值为交流量的平均值。

### 2. 函数信号发生器(Function Generator)

函数信号发生器是可以提供正弦波、三角波、方波三种不同波形的电压信号源。图 5.2.9 所示为函数信号发生器的图标和参数设置控制面板。

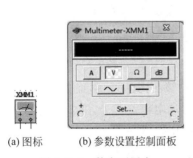

图 5.2.8 数字万用表

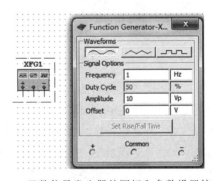

图 5.2.9 函数信号发生器的图标和参数设置控制面板

图标连接方法:图标中的"＋""－"端子和中间的端点"Common"用来与待测电路的输入端口相连,"＋"与"Common"端子之间输出信号为正极性信号;"－"与"Common"端子之间输出信号为负极性信号;"＋"与"－"端子之间输出信号为正负极性信号;"＋""Common"与"－"端子都使用,且把"Common"端子接地(与公共地"Ground"符号相连),则输出两个大小相等、极性相反的信号。

### 3. 瓦特表(Wattmeter)

瓦特表用于测量电路的交流和直流的有功功率和功率因数(power factor),它的图标和控制面板如图5.2.10所示。瓦特表的测量读数为有功功率,它也可以直接读出功率因数。

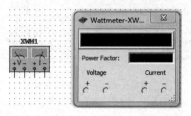

图标连接方法:从图标中可以看出,功率表共有4个端子与待测元件相连接。左边标记"V"的两个端子与待测元件并联,右边标记"I"的两个端子与待测元件串联。

图5.2.10 瓦特表的图标和控制面板

### 4. 双踪示波器(Oscilloscope)

双踪示波器的图标和控制面板如图5.2.11所示,该仪器的图标上共有6个端子,分别为A通道的正、负端,B通道的正、负端和外触发的正、负端(正端即信号端,负端即接地端)。

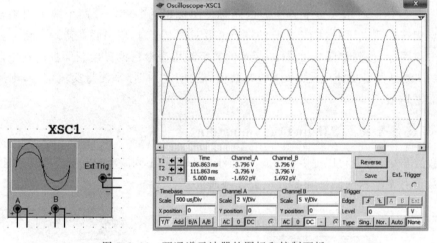

图5.2.11 两通道示波器的图标和控制面板

连接时,要注意它与实际仪器的不同:

首先,A、B两个通道只需分别用一条导线将正端与被测点相连接,而负端可不接(默认与公共端连接,为共地接法),即可显示被测点与地之间的电压波形。其次,若需测量两点间的信号波形,则只需将A或B通道的正、负端与该两点相连即可。

图5.2.12所示为波形显示及结果显示区,图中:

"Time"项的数值从上到下分别为:光标1处的时间,光标2处的时间,两光标之间的时间差值。

"Channel_A"项的数值从上到下分别为:A通道光标1处的电压值,光标2处的电压值,两光标间的电压差值。"Channel_B"项的数值与"Channel_A"项一样,这里不再赘述。

"Reverse"按钮:改变显示区的背景颜色(白和黑之间转换)。

"Save"按钮:以ASCII文件形式保存扫描数据。

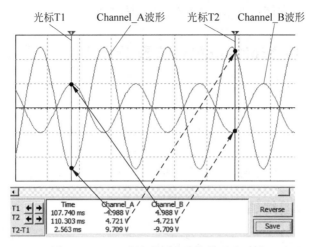

图 5.2.12　双踪波形显示及结果显示区域

### 5. 波特图示仪(Bode Plotter)

波特图示仪可以用来测量和显示电路或系统的幅频特性 $A(f)$ 与相频特性 $\varphi(f)$，其图标如图 5.2.13 所示。

从图 5.2.13 可以看到，它有 4 个端子，即两个输入(IN)端子和两个输出(OUT)端子。在应用时，输入(IN)的"＋""－"端子分别与电路输入端的正、负端子相连接；输出(OUT)的"＋""－"端子分别与电路输出端的正、负端子相连接。

双击波特图示仪图标，出现如图 5.2.14 所示的操作面板。

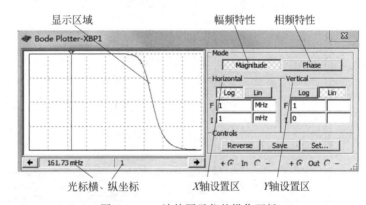

图 5.2.13　波特图示仪的图标　　　　图 5.2.14　波特图示仪的操作面板

波特图示仪使用时需注意以下两点：

(1) 在 $Y$ 轴设置区设置 $Y$ 轴的标尺刻度类型：单击"Log"按钮后，$Y$ 轴坐标表示 $20\lg A(f) \mathrm{dB}$(dB 为单位，即分贝)。单击"Lin"按钮后，$Y$ 轴的刻度为线性刻度。在测量幅频特性时，$Y$ 轴代表 $A(f) = \dfrac{U_\mathrm{o}}{U_\mathrm{i}}$，则量纲为 1，没有单位(一般用"倍"作单位)；在测量相频特性时，$Y$ 轴坐标表示相位差，单位为度(°)。通常都采用线性刻度。

(2) 在"Controls"区："Reverse"用于设置背景颜色，在黑与白之间切换；"Save"用于将测量结果以 BOD 格式存储;"Set..."用于设置扫描分辨率。

## 5.3 用 Multisim 10 仿真分析直流电路的定理

### 5.3.1 实验目的

(1) 熟悉 Multisim 10 界面,学会使用其中的直流电压表、直流电流表和功率表测量电路参数。

(2) 通过仿真,进一步加深对基尔霍夫定律、叠加定理和戴维南定理的理解。

### 5.3.2 电路原理图编辑

实验电路如图 5.3.1 所示,操作步骤如下。

**1. 创建电路文件**

运行 Multisim 10 之后,就会自动建立名为"Circuit 1"的空白电路图,如图 5.3.2 所示,可以根据自己的需要创建电路。

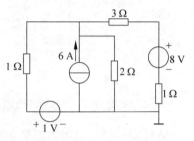

图 5.3.1 实验电路图

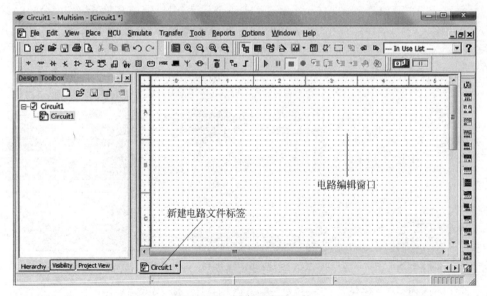

图 5.3.2 创建电路图文件

**2. 元器件基本操作**

1) 放置元器件

放置电压源和接地点:选择"Sources"库→"POWER_SOURCES"系列→"DC_POWER",即为直流电压源。同样,选择"POWER_SOURCES"系列→"GROUND",即为接地点。

放置电流源：选择"Sources"库→"SIGNAL_CURRENT_SOURCES"系列→"DC_CURRENT"，即为直流电流源。

放置电阻元件：选择"Basic"库→"RESISTOR"系列→"？Ω"，挑选所需阻值的电阻。

2）设置元器件的参数

双击元器件图标，弹出属性对话框，对元器件的标识及数值（Value）进行设置。

### 3. 电路连接操作

若要连接两个元器件，只要将鼠标指针移向所要连接的元件引脚一端，鼠标指针自动变为一个小黑点，单击并拖动指针至另一元件的引脚，在此出现一个小红点时，再次单击，系统即自动完成这两个引脚之间的连线，并根据连线的先后顺序给出节点编号。

### 4. 电路文件保存

文件保存时，系统自动命名为"Circuit 1"，保存类型默认为"Multisim 10 Files(＊.ms10)"的格式，并保存在默认路径下。如果用户需要修改，其方法与 Windows 中的操作相同。

## 5.3.3 电路仿真分析

### 1. 验证基尔霍夫定律

实验电路的仿真电路图如图 5.3.3 所示。单击元器件工具栏中的"Indicator"（显示）器件库，在弹出的对话框中的"Family"栏下选取"AMMETER"（电流表），再在"Component"栏下选取"AMMETER_H"横向电流表或"AMMETER_V"纵向电流表放置在电路窗口中。用相同的方法调出电压表（VOLTMETER），如图 5.3.4 所示。放置测量仪表的时候要特别注意电压表和电流表的正、负极性，务必保证与参考图 5.3.3 中的参考方向一致。

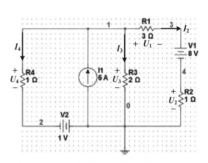

图 5.3.3 实验电路的仿真电路图

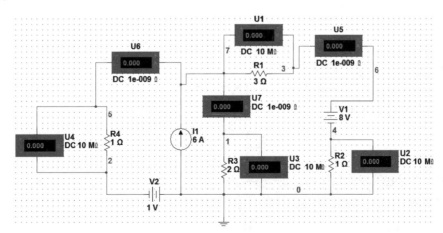

图 5.3.4 实验电路的测量电路图

开启仿真开关,稍等片刻,可以看到电路的仿真结果,如图 5.3.5 所示。

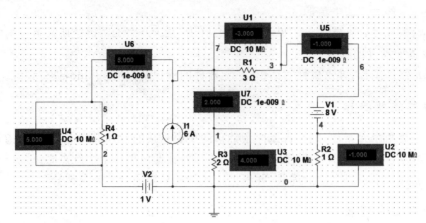

图 5.3.5 仿真结果

将仿真结果填入表 5.3.1 中,根据测量结果验证基尔霍夫定律的正确性。

表 5.3.1 仿真电路电压、电流的测量值

| 电压或电流 | $U_{R1}$ | $U_{R2}$ | $U_{R3}$ | $U_{R4}$ | $I_{R2}$ | $I_{R3}$ | $I_{R4}$ |
|---|---|---|---|---|---|---|---|
| 测量值 | −3 V | −1 V | 4 V | 5 V | −1 A | 2 A | 5 A |

对于电路图 5.3.3 中的节点 1,有 $I_{R2}+I_{R3}+I_{R4}=-1\text{ A}+2\text{ A}+5\text{ A}=6\text{ A}=I_1$,满足 KCL 定律。

对于电路图 5.3.3 中由 $R_1 \rightarrow V_1 \rightarrow R_2 \rightarrow R_3$ 组成的网孔,有 $U_{R1}+V_1+U_{R2}-U_{R3}=-3\text{ V}+8\text{ V}-1\text{ V}-4\text{ V}=0\text{ V}$,满足 KVL 定律。

基于同样的方法可对电路中其他节点和回路进行验证。

### 2. 验证叠加定理

单击虚拟仪器工具栏中的"Measurement Probe",选取"Instantaneous Voltage and Current"器件放置在电路中需要观测的支路上。为了检验功率是否满足叠加定理,可在电阻 $R_1$ 与 $R_4$ 上放置功率表"Wattmeter"。特别注意,功率表的电流接线端与电压接线端的连接方向一定要满足关联的参考方向。

首先,测量电流源、电压源共同作用时的电路,如图 5.3.6 所示。开启仿真开关,稍等片刻,可以看到电路的仿真结果,将结果记入表 5.3.2 中。

其次,测量电流源单独作用时的电路,不作用的电压源用短路线代替,如图 5.3.7(a) 所示。

最后,测量电压源单独作用时的电路,不作用的电流源用开路代替,如图 5.3.7(b) 所示。将各电路的仿真结果记入表 5.3.2 中。

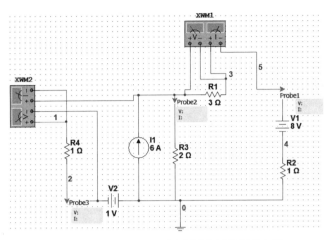

图 5.3.6 电流源、电压源共同作用的测量电路

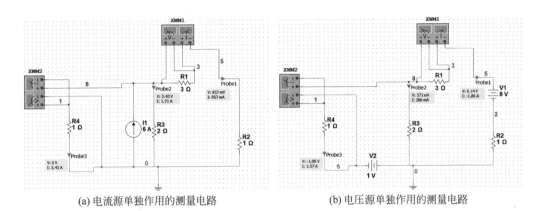

(a) 电流源单独作用的测量电路　　　　(b) 电压源单独作用的测量电路

图 5.3.7 验证叠加定理的测量电路

表 5.3.2 叠加定理验证的测量数据

| 测量条件 | 测量对象 | | | | | | $P_{R1}$/W | $P_{R4}$/W |
| --- | --- | --- | --- | --- | --- | --- | --- | --- |
| | Probe1 | | Probe2 | | Probe3 | | | |
| | I/A | U/V | I/A | U/V | I/A | U/V | | |
| 电流源、电压源同时作用 | −1 | 7 | 2 | 4 | 5 | −1 | 3 | 25 |
| 电流源单独作用 | 0.86 | 0.86 | 1.71 | 3.43 | 3.43 | 0 | 2.204 | 11.755 |
| 电压源单独作用 | −1.86 | 6.14 | 0.29 | 0.57 | 1.57 | −1 | 10.347 | 2.469 |

从表 5.3.2 的测量数据中可以看出,支路电压、电流满足叠加定理但是功率并不满足。

### 3. 验证戴维南定理

实验电路图如图 5.3.8 所示。图中,从电阻 $R_2$ 端口看进去的有源线性一端口网络的戴维南等效电路可以利用仪器栏中的第一个虚拟仪器——数字万用表测量该网络端口的开路电压 $U_{OC}$ 和短路电流 $I_{SC}$,测量电路如图 5.3.9 所示。

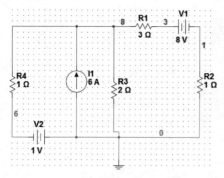
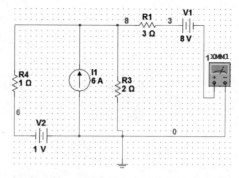

图 5.3.8　验证戴维南定理的实验电路图　　　图 5.3.9　验证戴维南定理的测量电路图

双击万用表图标，出现其控制面板，当"V"按钮被按下时，测量对象为该端口的开路电压 $U_{OC}$；当"A"按钮被按下时，测量对象为该端口的短路电流 $I_{SC}$。测量结果可从图 5.3.10(a)看出，计算得出该网络的等效电阻 $R_i = \dfrac{U_{OC}}{I_{SC}} = \dfrac{-4.667\text{V}}{-1.273\text{A}} = 3.67\ \Omega$，从而获得原电路的戴维南等效电路，如图 5.3.10(b)所示。

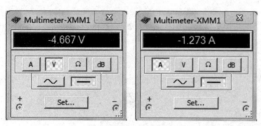
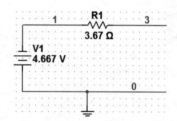

(a) 原电路测量结果　　　　　　　　(b) 原电路的戴维南等效电路

图 5.3.10　戴维南等效电路测量结果

接下来要验证两电路端口的伏安特性的等效性。可以利用 Multisim 10 中的参数扫描分析(Parameter Sweep Analysis)来分析原电路与等效电路端口的伏安特性，即改变电阻 $R_2$ 的阻值，测量该端口的电压及电流值。单击 Multisim 10 软件主菜单栏中的"Simulate"，选择"Analysis"中的"Parameter Sweep Analysis"，弹出如图 5.3.11 所示的对话框。

本例在分析参数的设置上选择电阻 $R_2$ 为扫描元件，设置 $R_2$ 扫描的起始点为 0 Ω，终止点为 5 Ω，扫描点数为 10，扫描方式为线性扫描。选择扫描分析类型为直流工作点分析(DC Operating Point)。同时，在"Output"选项卡中选定 1 号节点电压作为需要分析的变量，如图 5.3.12 所示。

单击"Simulate"按钮后，得到分析结果如图 5.3.13 所示，可以清晰地看到端口电压随负载电阻阻值变化而产生的变化。

采用同样的方法对等效电路节点 3 进行分析，可得到如图 5.3.14 所示的结果。通过对两个电路分析结果的对比，可以清晰、直观地看到两个电路端口外部特性的一致性。

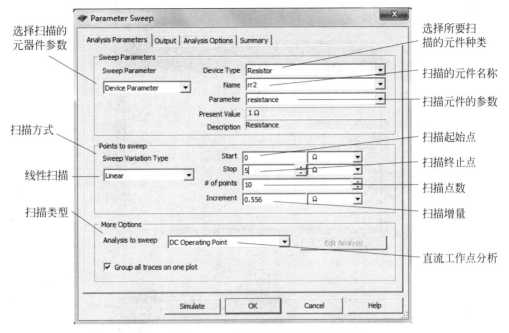

图 5.3.11 参数扫描分析对话框

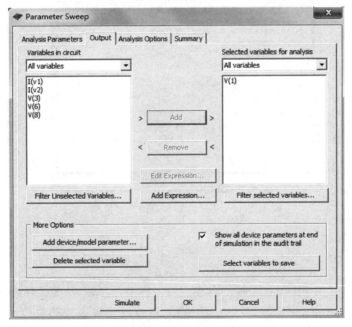

图 5.3.12 直流工作点输出设置

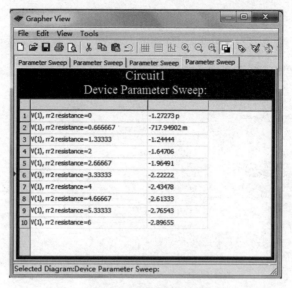

图 5.3.13　原电路端口的外部特性

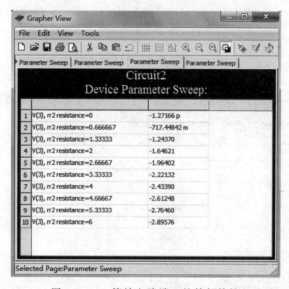

图 5.3.14　等效电路端口的外部特性

## 5.3.4　实验任务

仿真电路图如图 5.3.15 所示,按图示参数调出各个元器件,并连接好仿真电路。

(1) 使用"Indicator"(显示)器件库里的电压、电流测量仪表探测电路中各电阻端电压及各支路电流,验证基尔霍夫定律。

(2) 使用虚拟仪器工具栏中的"Measurement Probe"探测各支路、节点的电流和电压,并使用功率表(Wattmeter)探测电阻 $R_5$ 的功率,验证叠加定理。

(3) 从图 5.3.15 所示电路中的电阻 $R_5$ 两端看进去,测量该网络的戴维南等效电路,并验证其等效性。

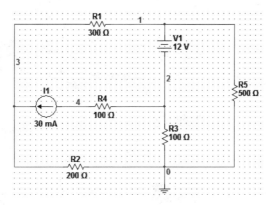

图 5.3.15　仿真电路图

## 5.4　用 Multisim 10 仿真分析三相电路

### 5.4.1　实验目的

(1) 掌握用 Multisim 10 仿真测量三相电路的电压、电流及功率的方法。
(2) 通过仿真,进一步加深对三相电路的理解。
(3) 掌握对称三相电路线电压与相电压、线电流与相电流之间的关系。

### 5.4.2　仿真内容与步骤

**1. 负载星形接法的仿真分析**

运行 Multisim 10,新建一个电路窗口,单击基本界面的元器件工具栏中的"Source"(电源)器件库,在弹出的对话框中的"Family"栏下选取"POWER_SOURCES"(电源),再在"Component"栏下选取"THREE_PHASE_WYE"(三相星形电压源),将其调出并放置在电路窗口中。双击该图标,在弹出的对话框中选择"Value"项,先将其中的"Voltage(L-N,RMS)"(相线与中线的电压,即相电压)改为 120 V,再将其中的"Frequency(F)"(频率)改为 50 Hz,最后单击"OK"按钮。

单击元器件工具栏中的"Indicator"(显示)器件库,在弹出的对话框中的"Family"栏下选取"LAMP",再在"Component"栏下选取"120 V_250 W"灯泡,最后单击"OK"按钮。然后用相同方法再调出两个灯泡。

在电路窗口中放置一条地线"GROUND";再调出 3 个指示型电流表、6 个电压表,双击其图标,在弹出的对话框中选择"Value"项,将其中的"Mode"(模式)改为"AC"。

连接仿真电路,进行仿真分析,如图 5.4.1 所示。电流表 U1、U2、U3 的测量对象分别是相(线)电流 $I_A$、$I_B$、$I_C$,电压表 U4、U5、U6 的测量对象分别是线电压 $U_{AB}$、$U_{BC}$、$U_{CA}$,电压表 U7、U8、U9 的测量对象分别是相电压 $U_{AO}$、$U_{BO}$、$U_{CO}$,将仿真结果记入表 5.4.1 中。

采用同样的方法对负载星形接法对称、无中线的电路进行测量,在表 5.4.1 中记录仿真结果。

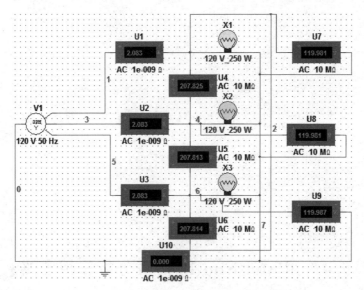

图 5.4.1 负载星形接法对称、有中线的仿真电路

表 5.4.1 负载星形接法的测量数据

| 负载情况 | | 测 量 数 据 | | | | | | | | | |
|---|---|---|---|---|---|---|---|---|---|---|---|
| | | 线电压/V | | | 相电压/V | | | 相(线)电流/A | | | |
| | | $U_{AB}$ | $U_{BC}$ | $U_{CA}$ | $U_{AO'}$ | $U_{BO'}$ | $U_{CO'}$ | $I_A$ | $I_B$ | $I_C$ | $I_{NO'}$/A | $U_{NO'}$/V |
| 对称 | 有中线 | | | | | | | | | | | |
| | 无中线 | | | | | | | | | | | |
| 不对称 | 有中线 | | | | | | | | | | | |
| | 无中线 | | | | | | | | | | | |

将其中一只灯泡改为"120 V_100 W",如图 5.4.2 所示。其中,中线断开,调用电压表

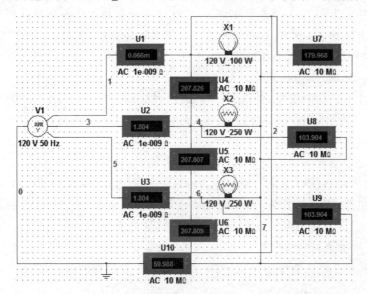

图 5.4.2 负载星形接法、不对称、无中线的仿真电路

U10 测量中线电压 $U_{NO'}$。从仿真结果可以看出,额定功率较低的"120 V_100 W"灯泡被烧坏。将结果记入表 5.4.1 中。

若将中线上的仪表 U10 改为电流表,则构成负载星形接法、不对称、有中线的电路,如图 5.4.3 所示。将结果记入表 5.4.1 中。

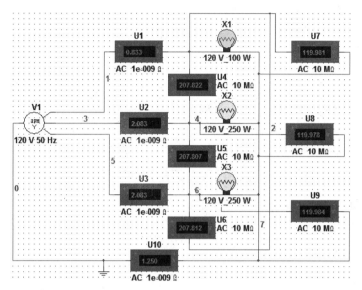

图 5.4.3  负载星形接法、不对称、有中线的仿真电路

## 2. 负载三角形接法的仿真分析

参照"负载星形接法"的仿真分析,连接如图 5.4.4 所示的负载三角形接法的仿真电路。

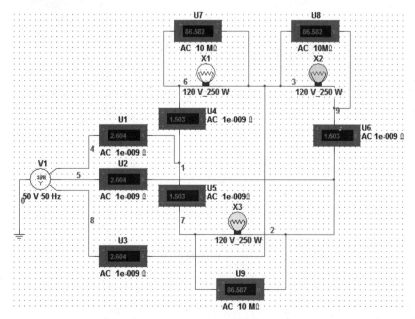

图 5.4.4  负载三角形对称接法的仿真电路

电流表 U1、U2、U3 的测量对象分别是线电流 $I_A$、$I_B$、$I_C$,电流表 U4、U5、U6 的测量对象分别是相电流 $I_{AB}$、$I_{BC}$、$I_{CA}$,电压表 U7、U8、U9 的测量对象分别是线(相)电压 $U_{AB}$、$U_{BC}$、$U_{CA}$,将仿真结果记入表 5.4.2 中。

采用同样的方法,将其中一只灯泡改为"120 V_100 W",构成负载三角形接法不对称的电路,并进行仿真测量,将仿真结果记入表 5.4.2 中。

表 5.4.2 负载三角形接法的测量数据

| 负载情况 | 测量数据 ||||||||
|---|---|---|---|---|---|---|---|---|
| | 线(相)电压/V ||| 线电流/A ||| 相电流/A |||
| | $U_{AB}$ | $U_{BC}$ | $U_{CA}$ | $I_A$ | $I_B$ | $I_C$ | $I_{AB}$ | $I_{BC}$ | $I_{CA}$ |
| 对称 | | | | | | | | | |
| 不对称 | | | | | | | | | |

### 3. 测量三相电路的功率

(1) 采用三表法测量三相对称负载星形接法电路的功率,按图示参数调出各个元器件,并连接好仿真电路,放置好功率表,如图 5.4.5 所示。

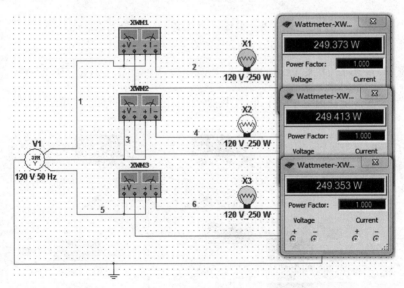

图 5.4.5 负载星形接法对称、有中线的三表法仿真电路

(2) 采用两表法测量三相对称负载星形接法电路的功率,按图示参数调出各个元器件,并连接好仿真电路,放置好功率表,如图 5.4.6 所示。

通过上述测量,可以验证二表法测量三相电路功率的正确性。

同样可以使用该方法测量不对称的三相电路功率。

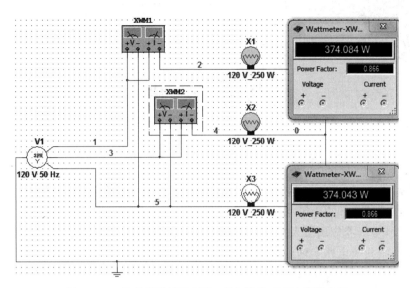

图 5.4.6 负载星形接法对称、有中线的二表法仿真电路

# 电路实训

重视实践教学,培养学生熟练的操作技能、解决实际问题的能力,加大学生创新能力的培养力度,遵循"理论知识+基础实验+实训"的原则,以培养实践能力和可持续发展能力为主的教学手段,是培养应用型人才的教学过程。电路实训是该教学过程中一门重要的实践课程。本章介绍我校电路实训的部分教学内容。

## 6.1 电路实训概述

### 6.1.1 电路实训的目的、要求和设备

电路实训是理论与实践紧密结合的教学环节,是一次综合性实际技能操作训练。其任务是通过学生对实训项目的了解、安装与调试,培养和提高学生的自学能力、实践动手能力和分析解决问题的能力,为其今后电子电路的学习与实践、电子产品的设计与制作打下良好的基础。

**1. 电路实训的目的**

(1) 通过实训课程,使学生学习、了解一定的电工电子学知识,学会理论联系实际,并掌握相应的安全用电知识及电工操作技术,为后续学习其他理论课与实践课程打下基础。

(2) 通过实训课程,使学生了解常用的电子元器件及其材料类别、型号规格、主要性能和简单测量;掌握常用电工工具,如电烙铁、尖嘴钳等的使用方法;掌握常用电测量仪表,如万用表、直流稳压源等的使用方法;了解电子产品制作工艺流程,并能组装、焊接一台正规的电子产品。

(3) 通过对实训电路的原理分析,使学生初步掌握简单实用的电路原理图、元件的选择、电路安装与调试的方法,提高学生的动手能力。

(4) 通过在实训中排查故障,提高学生综合分析问题的能力。在实训中,让学生自己独立完成电子产品的装配与调试过程,对于装配错误、元器件使用不当及损坏引起的故障,让学生自己来分析解决,教师只进行适当的辅导与提示。故障产生的原因随机、变化多端,这就要求学生能够举一反三、由表及里,分析与排除故障。这样学生会积极地去思考、探索、研究问题,真正提高了学生的实践动手能力与综合分析问题的能力。

**2. 电路实训的要求**

在电路实训的过程中,学生必须严格遵守电路实验室相关规章制度,独立完成实训项

目。学生应当提前预习实训内容,对实训过程中使用的仪器与设备的使用方法、使用注意事项及实训的步骤要熟知无误。具体要求如下。

(1) 严格遵守安全用电守则及电路实验室相关规章制度。

(2) 实训开始前做好预习,了解实训目的与实训内容,明确所使用的仪器设备和电工工具的型号、功能、操作方法、操作注意事项与操作步骤。

(3) 实训过程中必须做到细心、耐心、不急不躁。在进行每一步操作前,要清楚其作用与目的。对于使用的仪器设备与工具,要清楚其操作程序,严格遵守其操作方法。操作过程和步骤不能靠机械记忆,而是要充分理解。

(4) 实训过程中必须记日志,实训结束后必须有小结。在实训小结中,学生主要总结自己掌握了哪些技能,对本次实训有哪些心得体会,尤其是要总结哪些技能没有掌握好,是什么原因,这对今后的学习与实践工作是非常有益的。

**3. 电路实训的设备**

(1) 测量仪器:万用表、直流稳压电源、电阻箱、示波器等。
(2) 常用工具:电烙铁、烙铁架、尖嘴钳、斜口钳、剪刀、剥线钳、螺丝刀、镊子等。
(3) 焊料:焊锡、松香、酒精。
(4) 装配材料:导线、印制电路板、电阻、电容、二极管、三极管、集成电路等。

### 6.1.2 电路实训的准备知识

在电路实训项目开始前,学生应该掌握以下知识与技能。

(1) 供电常识与安全用电知识。电能"看不见、听不到、摸不着",却是使用最广泛、最有使用价值的能源。日常生活中我们离不开电,在实验室的实验与实践中,我们仍旧离不开电。与此同时,电也有潜在的危险,如果操作不当,就会发生触电、设备损坏等事故。因此,了解基本的供电知识、掌握安全用电知识是开展电路实训前对每位学生的基本要求。

(2) 手工焊接技术。手工焊接技术是一种比较传统的焊接方法,是学习电工、电子技术要具备的基本技能。在电工电子产品的试制、组装、调试与维修过程中,必须要用到手工焊接技术。焊接质量的好坏直接影响到电工、电子产品的稳定性和可靠性,因此,手工焊接技术是参加实训的学生必须掌握的基本技术。

(3) 基本的电路知识与识图技能。学生要掌握电路的常识性概念(如电阻、电压、电流、电源、串/并联、欧姆定律等),了解电路图中常用的电路符号,能识别简单的电路图。

### 6.1.3 电路实训的过程

电路实训的基本过程:安全用电知识的学习;手工焊接技术的学习、训练与考核;实训作品的焊接、安装、调试。安全用电知识的学习是通过安全用电相关视频与课堂教学相结合的形式,使学生掌握安全用电的必备知识;焊接技术的学习过程包括课堂教学、教师演示、学生独立训练、课堂焊接技术考核。下面简要介绍实训产品的焊接、安装、调试过程的方法与注意事项。

### 1. 实训产品的焊接

实训产品的焊接是指将元器件按电路要求插装在印制电路板的相应位置上,然后用熔化的焊锡把元器件的引脚与印制电路板的焊盘连接牢固的过程。其具体的操作过程包括:清点材料,识别与分类元器件,焊接前的准备,元器件的焊接,焊接后的检查。

(1) 清点材料:应参照产品材料清单一一清点材料,记住每个元件的名称与外形,并注意保管好细小的材料,以免丢失。

(2) 识别与分类元器件:即对元器件中的电阻、电容、二极管、三极管等材料的标称值、极性进行识别,识别时可用胶带将写有相应参数的纸条缠绕在元件表面,以防误拿误用。

(3) 焊接前的准备:包括印制电路板的检查、元件引脚是否氧化的检查(若有氧化层,可用砂纸打磨元件引脚,刮去氧化层)、元件引脚的弯制成形、元器件插放至印制电路板、电烙铁的维护与准备工作等。

(4) 元器件的焊接:将印制电路板平放,按照从左至右、从上至下的顺序依次焊接插装好的元件。注意:在焊接之前一定要确认元件插放的位置无误,确认电阻阻值正确、二极管与电解电容的极性正确等。

(5) 焊接后的检查:检查有无漏焊、虚焊及由于焊锡流淌造成的元件短路。虚焊较难发现,可以从多个角度仔细观察焊点的外观,或用镊子夹住元件引脚轻轻拉动,如发现晃动,则应立即补焊。注意,焊接后还应对元件过长的引脚进行剪除,保留的引脚高于焊点最高处不得超过0.5mm;焊接结束后,如果印制电路板表面污渍比较严重,还应用酒精对电路板进行擦拭。

### 2. 实训产品的安装

电子产品的整机在结构上通常由装配好的印制电路板、接插件和机箱外壳等构成。在完成实训产品的焊接工作以后,应认真阅读产品工艺文件,按照安装要求与顺序,进行印制电路板、接插件和机箱外壳的安装工作。安装时,要遵循先轻后重、先铆后装、先里后外、上道工序不影响下道工序的原则,并且不要损伤元器件,不要碰伤机箱及元器件上的涂覆层,以免损害绝缘性能。

### 3. 实训产品的调试

组装好的实训产品,即使按照产品工艺文件要求的步骤进行安装,也不可能百分百达到预期的效果,必须经过周密的测试和调整,发现和纠正调试中出现的各种现象和问题,然后提出解决办法以实现产品的各项功能。

1) 调试方法

调试方法通常采用分块调试法和整体调试法。分块调试法就是对组成电路的各功能块分别进行调试。任何复杂的电路都是由一些基本单元电路组成的,调试的顺序最好是按照信号的流向,逐级调试各个模块,并在此基础上逐步扩大调试范围,最后完成整机调试。整体调试法是将整个电路组装完成后,不进行分块调试,而是进行一次性总调,主要是针对已定型的产品和需要相互配合才能运行的产品进行调试。

2)调试步骤

(1) 检查电路:根据电路图,按一定顺序逐一检查电路连接是否正确,是否有错线、少线和多线的情况;检查元器件引脚之间有无短路,观察焊点是否牢固,二极管和电解电容极性是否接反,三极管和集成电路的引脚是否接错。要特别注意检查电源是否接错,在通电前可断开一条电源线,用万用表检查电源端对地是否存在短路。

(2) 通电观察:将经过准确测量的电源接入电路,观察电路是否有异常现象,如冒烟、异常气味、元器件发烫、电源被短路等。若有,应立即切断电源,待故障排除后方可重新接通电源。然后测量各元器件电源引脚电压,检查元器件是否正常工作。

(3) 静态调试:在没有外加信号的条件下进行直流测试。例如,对模拟电路测试静态工作点,对数字电路测试输入端和输出端的高、低电平值及逻辑关系等。若发现异常现象,则应判断电路工作情况,找出故障点和故障原因,及时调整电路参数,使电路状态满足设计要求。

(4) 动态调试:在静态调试的基础上,在电路的输入端接入输入信号,并循着信号的流向逐级检测各有关点的波形、参数及性能指标,设法排除发现的故障,保证电路的输出信号满足设计要求。测试过程中可以借助仪器观察,如通过示波器观测输出信号的波形、幅值、脉冲宽度、相位、增益及动态逻辑关系是否符合设计要求。

**4. 常见故障与故障产生的原因**

在实训产品的组装与调试过程中,故障现象可能很多,导致故障的原因也很多,下面列举一些常见的故障与故障产生的原因。

(1) 组装完成后,整机无任何反应,可能的原因:电源未接通或接反;熔断器损坏;元器件接触不良或损坏,导致断路或短路。

(2) 组装完成后,绝大部分功能可以实现,某些功能无反应或反应异常,可能的原因:对应功能电路的元器件虚焊导致接触不良或已损坏;同类型的元器件参数错误,如 4.99 kΩ 电阻与 4.99 Ω 电阻焊接时插反。

(3) 集成电路芯片发烫或输出无反应,可能的原因:集成电路芯片插反或电源接错,芯片型号有误。

(4) 电解电容爆裂,原因:电解电容极性接反或耐压太低。

在实际的调试过程中,可以采用多种方法来查找故障,如直接观察法(有无虚焊、脱焊、错焊、误碰、误用器件)、用万用表检查静态工作点法、部件替换法、短路法、断路法、旁路法等。对于复杂的故障,需要多种方法互相配合才能发现原因并排除故障。

## 6.2 MF47型指针式万用表的组装与调试

万用表是一种多功能、多量程的便携式电工仪表。万用表一般可以测量直流电流、交(直)流电压和电阻,有些万用表还可以测量电容、功率、晶体管共射极直流放大系数 $h_{FE}$ 等。MF47型万用表具有26个基本量程和7个附加参考量程,是一种量程多、分挡细、灵敏度高、体形轻巧、性能稳定、过载保护可靠、读数清晰、使用方便的传统型万用表。该表使用简单、携带方便,特别适用于检查线路和维修电工、电子产品。

## 6.2.1 任务目标

(1) 了解万用表的结构和工作原理。
(2) 掌握万用表的安装步骤、使用与调试方法。
(3) 掌握常用电子元器件的规格、型号、主要性能、选用和检测方法。
(4) 初步熟悉电工、电子产品安装焊接工艺的基本知识和操作方法,并掌握手工焊接技术。

## 6.2.2 实训仪器和设备

(1) MF47型万用表套件一套。
(2) 焊接练习与考核电路板一块、废置的电阻若干。
(3) 调试与验收用电子仪器与设备:万用表、直流稳压电源、单相调压器、电阻箱、直流毫安表、电工实验板。
(4) 焊接工具:电烙铁、烙铁架剪刀、镊子、十字螺丝刀各一件。
(5) 焊料:焊锡、松香若干。

## 6.2.3 相关知识点

### 1. 指针式万用表的特点与组成

1) 指针式万用表的特点

MF47型万用表采用高灵敏度的磁电系整流式表头,造型大方,设计紧凑,结构牢固,携带方便,零部件均选用优良的材料进行工艺处理,具有良好的电气性能和机械强度。其特点有:

(1) 测量机构采用高灵敏度表头,性能稳定。
(2) 线路部分可靠、耐磨、维修方便。
(3) 测量机构采用硅二极管保护,保证过载时不损坏表头,并且线路设有0.5 A熔断器以防止误用时烧坏电路。
(4) 欧姆挡"×1"~"×1 k"选用2号1.5 V干电池供电,"×10 k"挡选用1.5 V与9 V电池串联供电,电池容量大、寿命长。
(5) 配有晶体管静态直流放大系数检测装置。
(6) 除"交直流2500 V"和"直流10 A"分别有单独的插座外,其余只需转动挡位转换开关,使用方便。

2) 指针式万用表的组成

指针式万用表的型号很多,但基本结构是类似的,主要由表头、挡位转换开关、测量线路板、面板等组成(如图6.2.1所示)。

表头是万用表的测量显示装置,指针式万用表采用控制显示面板与表头的一体化结构;挡位开关用来选择被测量的种类和量程;测量线路板将不同性质和大小的被测电学量转换为表头所能接受的直流电流。万用表可以测量直流电流、直流电压、交流电压和电阻等多种

(a) 表头　　　　　(b) 挡位转换开关　　　　(c) 测量线路板　　　　(d) 面板与外形

图 6.2.1　指针式万用表的组成

电学量。当转换开关拨到直流电流挡(mA)时,可分别测量 500 mA、50 mA、5 mA、0.5 mA 和 0.05 mA 量程的直流电流;当转换开关拨到欧姆挡(Ω)时,可分别测量×1 Ω、×10 Ω、×100 Ω、×1 kΩ、×10 kΩ 量程的电阻;当转换开关拨到直流电压挡(DCV)时,可分别测量 0.25 V、0.5 V、2.5 V、10 V、50 V、250 V、500 V、1000 V 量程的直流电压;当转换开关拨到交流电压挡(ACV)时,可分别测量 10 V、50 V、250 V、500 V、1000 V 量程的交流电压。

### 2. 指针式万用表的工作原理

1) 基本工作原理

如图 6.2.2 所示,指针式万用表由表头、电阻测量挡、电流测量挡、直流电压测量挡和交流电压测量挡等部分组成,图中"−"为黑表棒插孔,"+"为红表棒插孔。测电压和电流时,外部有电流通入表头,因此无须内接电池。

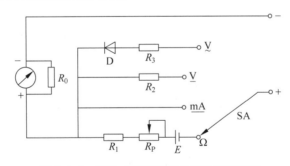

图 6.2.2　指针式万用表基本的测量原理图

(1) 把挡位开关大旋钮 SA 拨到交流电压挡时,通过二极管 D 整流,电阻 $R_3$ 限流,所测交流电压值由表头显示。

(2) 把挡位开关大旋钮 SA 拨到直流电压挡时,无须二极管整流,仅需电阻 $R_2$ 限流,所测直流电压值由表头显示。

(3) 把挡位开关大旋钮 SA 拨到直流电流挡时,既不需要二极管整流,也不需要电阻限流,所测直流电流值由表头显示。

(4) 测电阻时将转换开关 SA 拨到"Ω"挡,这时外部没有电流通入,因此必须使用内部电池作为电源。设外接的被测电阻为 $R_x$,表内的总电阻为 $R$,形成的电流为 $I$,则由 $R_x$、电池 $E$、可调电位器 $R_P$、固定电阻 $R_1$ 和表头部分组成闭合电路,形成的电流 $I$ 使表头的指针偏转。红表棒与电池的负极相连,通过电池的正极与电位器 $R_P$ 及固定电阻 $R_1$ 相连,经过

表头接到黑表棒与被测电阻 $R_x$ 形成回路,产生电流,使表头指针偏转。回路中的电流为

$$I = \frac{E}{R_x + R} \tag{6.2.1}$$

由式(6.2.1)可知,测电阻时回路中的电流 $I$ 和被测电阻 $R_x$ 不呈线性关系,所以表盘上电阻标度尺的刻度是不均匀的。电阻越小,回路中的电流越大,指针的摆动越大,因此电阻挡的标度尺刻度是反向分度。

当万用表红、黑两表棒直接短接时,相当于外接电阻为零即 $R_x=0$,此时回路中的电流为

$$I = \frac{E}{R_x + R} = \frac{E}{R} \tag{6.2.2}$$

此时通过表头的电流最大,表头指针摆动最大,指针指向满刻度处,向右偏转最大,显示阻值为 $0\ \Omega$。因此,电阻挡的零位是在表盘刻度的最右边,与其余挡位的零位方向不同。

当万用表红、黑两表棒开路时,$R_x \to \infty$,表头内阻 $R$ 可以忽略不计,此时回路中的电流为

$$I = \frac{E}{R_x + R} \approx \frac{E}{R_x} \to 0 \tag{6.2.3}$$

即通过表头的电流最小,表头指针摆动最小,在表盘刻度的最左边,显示阻值为∞。

2) MF47 型万用表的工作原理

MF47 型万用表原理图如图 6.2.3 所示,测量线路板如图 6.2.4 所示。MF47 型万用表由 5 部分组成:公共显示部分、直流电流部分、直流电压部分、交流电压部分和电阻部分。线路板上每个挡位的分布(如图 6.2.4 所示):上面为交流电压挡,左边为直流电压挡,下面为直流 mA 挡,右边是电阻挡。MF47 型万用表的显示表头是一个直流微安表,120 Ω 与 680 Ω 电阻用于调节表头回路中的电流大小;两个二极管 D1、D2 反向并联后与电容并联,用于限制表头两端的电压,起保护表头的作用,使表头不至于因为电压、电流过大而烧坏。

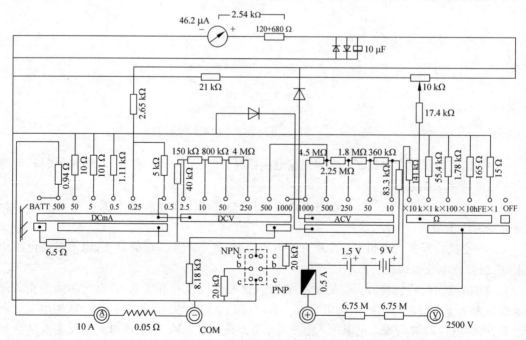

图 6.2.3 MF47 型万用表原理图

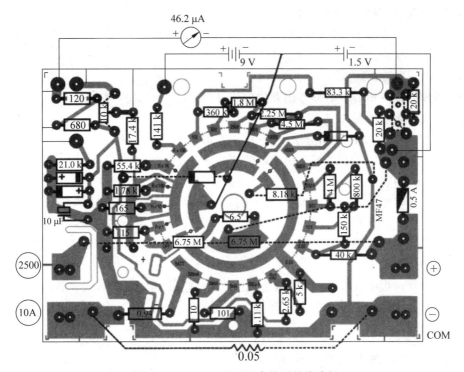

图 6.2.4　MF47 型万用表的测量线路板

## 6.2.4　实训内容与步骤

**1. 实训内容**

1) 准备知识学习

(1) 学习安全用电知识。

(2) 指导教师讲解电测量基础知识,讲解常用元器件的规格、型号、主要性能、选用和检测方法。

(3) 指导教师讲解万用表的工作原理。

(4) 布置任务,让学生自行查阅资料,进一步熟悉万用表的工作原理。

2) 焊接练习与 MF47 套件元器件清点、检查

(1) 焊接技术学习。

(2) 焊接练习与考核。

(3) 发放 MF47 型万用表套件,根据元器件清单清点、识别元器件。

(4) 检查元器件质量:

① 用万用表电阻挡测量表头的阻值是否为 1.78 kΩ 左右;

② 用万用表电阻挡分别测量固定电阻器的阻值,检查其是否与色环标称值相符;

③ 用万用表电阻挡分别测量电位器(调零电阻器)的总阻值与分阻值,并调节电位器旋钮,检查其分阻值是否发生变化;

④ 用万用表判别二极管的电极和质量,检查其单向导电性;

⑤ 用万用表判别电解电容的好坏。

(5) 完成万用表面板、后盖、提把及挡位开关大旋钮的安装,将铭牌贴好,并将表头固定好。

3) 安装、焊接万用表

(1) 指导教师讲解 MF47 型万用表的安装过程。

(2) 完成万用表的安装。

4) 学习万用表具体的使用方法,自行调试万用表

(1) 指导教师讲解 MF47 型万用表的使用方法。

(2) 完成万用表的整机调试,学生自行查阅资料,学习验收方案。

(3) 撰写实习小结,准备好 MF47 型万用表验收时所需的数据记录表格。

5) 验收

(1) 在教师的监督下,使用已安装好的万用表,按拟定的验收方案逐一验收万用表的功能。

(2) 在验收过程中发现故障时,学生独立分析、思考、排除故障,或在教师指导下排除故障。

(3) 提交实习小结。

### 2. MF47 型万用表的安装步骤

1) 清点材料

按照 MF47 型指针式万用表散件材料清单——清点材料,并注意:记清每个元件的名称与外形;清点完毕的材料要放好,以免遗失。

(1) 电阻。

电阻共计 31 只,如图 6.2.5 所示。

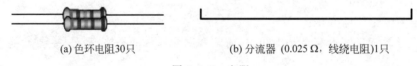

(a) 色环电阻30只　　　　(b) 分流器 (0.025 Ω,线绕电阻)1只

图 6.2.5　电阻

(2) 可调电阻(电位器)。

可调电阻(电位器)1 只,如图 6.2.6 所示。轻轻拧动电位器黑色旋钮,可以调节引脚 1 与引脚 2 或引脚 2 与引脚 3 之间的阻值。

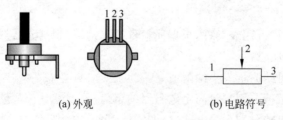

(a) 外观　　　　(b) 电路符号

图 6.2.6　可调电阻(电位器)

（3）熔断器、熔断器夹、连接导线（如图6.2.7所示）。

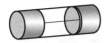  

(a) 熔断器1个　　　　(b) 熔断器夹2个　　　　(c) 连接线4条与短接线1条

图6.2.7　熔断器、熔断器夹与连接导线

（4）二极管、电解电容（如图6.2.8所示）。

(a) 二极管4个　　　　　　(b) 电解电容1个

图6.2.8　二极管、电解电容

**注意**：二极管与电解电容均有极性。从外观来看（如图6.2.8(a)所示），二极管一端有银白色标志的为负极，另一端为正极。电解电容侧面有"—"的为负极；如果电解电容上没有标明正负极，也可以根据它引脚的长短来判断，长脚为正极，短脚为负极（如图6.2.8(b)所示）；如果已经把引脚剪短，可以仔细观察电容上面的标识。

（5）线路板。

MF47型万用表的线路板1块，两个边上的缺口为安装的定位口，如图6.2.9所示。

图6.2.9　MF47型万用表的线路板

（6）面板与表头、挡位开关旋钮、电刷旋钮（如图6.2.10所示）。

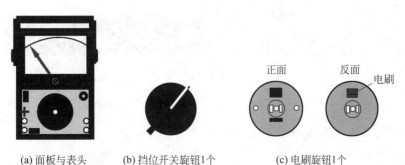

(a) 面板与表头　　　(b) 挡位开关旋钮1个　　　(c) 电刷旋钮1个

图6.2.10　面板与表头、挡位开关旋钮、电刷旋钮

(7) 电位器旋钮、晶体管插座、后盖(如图 6.2.11 所示)。

(a) 电位器旋钮1个　　(b) 晶体管插座1个　　(c) 后盖+提把+电池盖板组合件1个

图 6.2.11　电位器旋钮、晶体管插座、后盖

(8) 螺钉、弹簧、钢珠(如图 6.2.12 所示)。

M3×8 螺钉 4 个,M4×12 螺钉 1 个,弹簧 2 只,钢珠 2 个。螺钉 M3×8 表示螺钉的螺纹部分直径为 3 mm,长度为 8 mm。

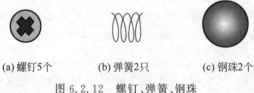

(a) 螺钉5个　　(b) 弹簧2只　　(c) 钢珠2个

图 6.2.12　螺钉、弹簧、钢珠

(9) 电池夹、铭牌标志(如图 6.2.13 所示)。

1.5 V负极电池夹1个　　1.5 V正极电池夹1个　　9 V电池夹2个

(a) 电池电极夹片

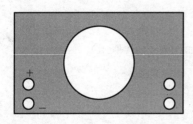

(b) 铭牌2张

图 6.2.13　电池夹与铭牌标志

(10) 电刷、晶体管插片、输入插管(如图 6.2.14 所示)。

(11) 表棒(如图 6.2.15 所示)。

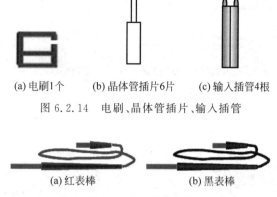

(a) 电刷1个　　(b) 晶体管插片6片　　(c) 输入插管4根

图 6.2.14　电刷、晶体管插片、输入插管

(a) 红表棒　　　　　　　(b) 黑表棒

图 6.2.15　表棒 1 副

2）元器件的插放

将弯制成形的元器件对照图纸插放到线路板上。

**注意**：一定不能插错位置；二极管、电解电容要注意极性；电阻插放时要求按色环读数方向排列整齐，横排的必须从左向右读，竖排的必须从上向下读，保证色环读数方向一致（如图 6.2.16 所示）。

(a) 横向排列误差环向右　　　　　　(b) 纵向排列误差环向下

图 6.2.16　电阻色环的排列方向

3）元器件参数的检测

每个元器件在焊接前都要用万用表检测其参数，确认其是否在规定的范围内。二极管、电解电容要检查它们的极性，电阻要测量阻值（实习过程中，要求学生会读色环确定阻值，以此验证读数的正确性）。

4）元器件的焊接

（1）元器件的焊接要求

在焊接练习板上练习焊接，掌握焊接要领后，对照 MF47 型万用表的装配图纸插放元器件，必要时用万用表校验。检查每个元器件插放是否正确、整齐，二极管、电解电容的极性是否正确，电阻色环读数方向是否一致，全部合格后方可进行元器件的焊接。

焊接后的元器件，要求排列整齐，电阻的高度尽量一致（如图 6.2.17 所示）。为了保证焊接的整齐美观，焊接时可将线路板架在焊接木架上，两边架空的高度要一致，元件插好后要调整位置，使它与桌面相接触，尽量使同类型的元件焊接后的高度一致。焊接时，电阻不能离线路板太远，也不能紧贴线路板焊接，以免影响电阻的散热。

在对 MF47 型万用表的元件进行焊接时，应先焊接水平放置的元器件（电阻、二极管、0.025 Ω 线绕等），后焊垂直放置的或体积较大的元器件（插座铜管、晶体管插座、电位器、熔

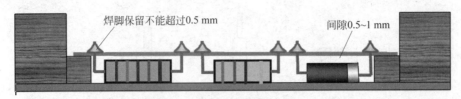

图 6.2.17　元器件的排列

断器夹、导线等,如图 6.2.18 所示)。

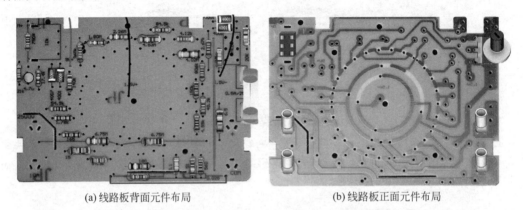

(a) 线路板背面元件布局　　　　　　　　(b) 线路板正面元件布局

图 6.2.18　MF47 型万用表元器件的焊接

(2) 电位器的安装

电位器安装时,应先测量电位器引脚间的阻值。电位器共有 5 个引脚(如图 6.2.19 所示),其中 3 个并排的引脚中,1、3 两点为固定触点,2 为可动触点。当转动旋钮时,1、2 或者 2、3 间的阻值发生变化。1、3 之间的阻值应为 10 kΩ;拧动电位器的黑色小旋钮,测量 1 与 2 或者 2 与 3 之间的阻值应在 0~10 kΩ 间变化。如果没有阻值或者阻值不改变,说明电位器已经损坏,不能安装,否则 5 个引脚焊接后,要更换电位器就比较困难。电位器实质上是一个滑线电阻,电位器的两个粗的引脚主要用于固定电位器。安装时应捏住电位器的外壳,平稳地插入,不应使某个引脚受力过大,也不能捏住电位器的引脚安装,以免损坏电位器。

**注意**:电位器要垂直安装在线路板的正面(见图 6.2.18(b))。

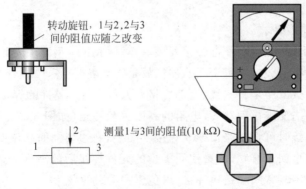

图 6.2.19　电位器阻值的测量

(3) 输入端的插管的安装

输入端的插座铜管装在线路板的正面,是用来插表棒的,因此一定要焊接牢固。将其插入线路板中,用烙铁在正面垂直焊牢(如图 6.2.18(b)所示)。

(4) 晶体管插座的安装

晶体管插座装在线路板正面,用于判断晶体管的极性。在绿面的左上角有 6 个圆的焊盘,中间有两个小孔,用于晶体管插座的定位,将其试着放入小孔中,检查是否合适,如果小孔直径小于定位突起物,应用锥子将孔稍微扩大,使定位突起物能够插入晶体管座焊片(如图 6.2.20 所示)。

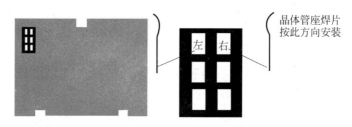

图 6.2.20  晶体管插座的安装

晶体管插片装好后,将晶体管插座装在线路板上,定位,检查是否垂直,并将 6 个圆的焊盘焊接牢固。

(5) 电池极片的焊接

焊接前,先检查电池极片的松紧度,如果太紧,应进行调整。调整的方法是用尖嘴钳将电池极片侧面的突起物稍微夹平,使它能顺利地插入电池极片插座且不松动(如图 6.2.21 所示)。

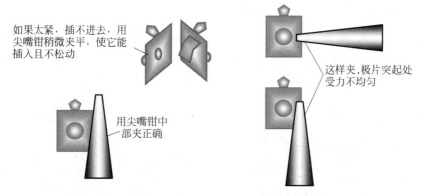

图 6.2.21  调整电池极片松动

电池极片的安装位置如图 6.2.22 所示。正极片与负极片不能对调,否则会因接触不良而使电路无法接通。

焊接前电池正极片、负极片不要插到底,否则焊接时的高温会把电池极片插座的塑料烫坏。为了便于焊接,应先用尖嘴钳将其焊接部位锉去氧化层,然后把电池正极片、负极片焊片焊接点上沾松香,为其搪锡。

将连接线的线头剥出,如果是多股线,应将其拧紧,然后沾松香并搪锡。用电烙铁粘少

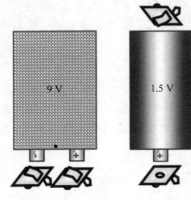

图 6.2.22 电池极片的安装位置

量焊锡烫开电池极片上已有的锡,然后迅速地将连接线插入并移开电烙铁。

**注意**:焊接时间不能太长,否则会将电线绝缘塑料烫坏。

连接线焊接的方向如图 6.2.23 所示。连接线焊好后将电池极片压下,使之安装到位。

(6) 元器件焊接时的注意事项

① 在拿线路板时,最好戴手套或用两指捏住线路板的边缘。不要直接用手抓线路板有铜箔裸露的部分,防止手汗等污渍腐蚀线路板上的铜箔而导致焊接时虚焊。

② 电路板焊接完毕,可用橡皮将三圈导电刷导轨上的松香、污渍等残留物擦干净,否则易造成接触不良。

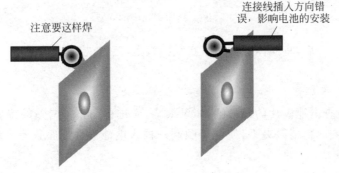

图 6.2.23 连接线焊接的方向

③ 焊接时一定要注意电刷轨道上不能粘上锡,否则会严重影响电刷的运转(如图 6.2.24 所示)。为了防止电刷轨道粘上焊锡,切忌用电烙铁运焊锡。为避免焊接过程中焊锡飞溅到电刷轨道上,有必要用一张圆形厚纸把导轨部分盖上。

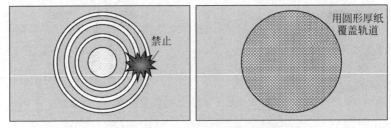

图 6.2.24 防止电刷轨道粘锡

④ 如果电刷轨道上粘上了焊锡,应用没有焊锡的电烙铁将锡尽量刮除。但是由于线路板上的金属与焊锡的亲和性强,一般不能刮尽,只用小刀或细砂纸稍微修平整。

⑤ 在每一个焊点加热的时间不宜太长,否则会使元件脱开或焊盘脱离线路板。用电烙铁对焊点进行修整或补焊时,要让焊点有一定的冷却时间,否则不但会使焊盘脱开或脱离线路板,而且会使元器件温度过高而损坏。

5）机械部分的安装与调整

（1）提把的旋转方法

将后盖两侧的提把柄轻轻外拉，使提把柄上的星形定位扣露出后盖两侧的星形孔。将提把向下旋转 90°，使星形定位扣的角与后盖两侧星形孔的角相对应，再把提把上的星形定位扣推入后盖两侧的星形孔中。

（2）挡位开关旋钮及电刷旋钮的安装

① 取出弹簧和钢珠，并将其放入凡士林（润滑油）中，使其黏满凡士林。黏润滑油的原因有二：使电刷旋钮润滑，旋转灵活；起黏附作用，将弹簧和钢珠都黏附在电刷旋钮对应的孔中，防止其丢失。

② 将加上润滑油的弹簧放入电刷旋钮的小孔中（如图 6.2.25 所示），钢珠黏附在弹簧的上方，注意切勿丢失。

③ 将装好弹簧、钢珠的电刷旋钮装入面板的钢珠轨道中，并用一只手夹住，使电刷旋钮不脱离面板（如图 6.2.26 所示）。

图 6.2.25　弹簧、钢珠的安装

④ 将挡位开关旋钮装入面板，并使其下面的挡位指示线朝表头方向。将挡位开关旋钮的 2 个钩子卡入电刷旋钮的 2 个槽中（如图 6.2.27 所示）。注意：挡位开关旋钮的指示线方向必须与电刷旋钮背面的电刷槽的方向一致。

图 6.2.26　电刷旋钮的安装

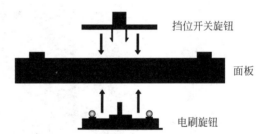

图 6.2.27　挡位开关旋钮与电刷旋钮的安装

⑤ 将面板翻转到正面，轻轻旋转挡位开关旋钮，检查其与电刷旋钮是否安装正确，如正确，应能听到"咔嗒"的定位声，如果听不到定位声，则可能是钢珠丢失或掉进电刷旋钮与面板的缝隙，这时挡位开关无法定位，应拆除后重装。

（3）电刷的安装

将电刷装入电刷旋钮背面的电刷槽中，触点面朝上（如图 6.2.28 所示）。

注意：电刷的方向一定要与挡位开关旋钮上的挡位指示线朝向一致；电刷在安装过程中应注意观察安装方向，禁止强行用力改变电刷的形状（电刷变形后 3 个电刷触点无法与轨道正常接触，导致万用表无任何反应）。

（4）线路板的安装

电刷安装正确后方可安装线路板。

安装线路板前应先检查线路板的质量及焊点高度，特别是在外侧两圈轨道中的焊点（如图 6.2.29 所示）。由于电刷要从中通过，安装前一定要检查焊点高度，最高不能超过 2 mm，直径不能太大。如果焊点太高,会影响电刷的正常转动甚至刮断电刷。

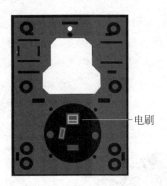

图 6.2.28　电刷的安装

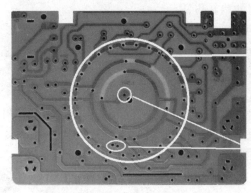

图 6.2.29　检查电刷轨道内的焊点高度

线路板用 4 个固定卡固定在前面板的背面,将线路板水平放在固定卡上,依次卡入即可(如图 6.2.30 所示)。如果要拆下重装,依次轻轻扳动固定卡。

**注意**:在安装线路板前应将表头 4 颗固定螺丝拧紧,并将表头连接线焊上。

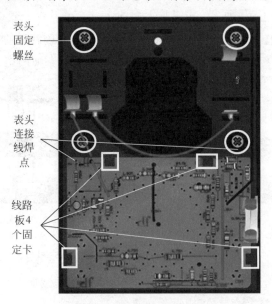

图 6.2.30　线路板的安装

最后安装电池和后盖。装后盖时左手拿面板,稍高一些;右手拿后盖,稍低一些。将后盖向上推入面板,拧上螺丝(验收万用表可正常使用后再拧上螺丝),注意拧螺丝时用力不可太大或太猛,以免将螺孔拧坏。

## 6.2.5　产品调试与验收

### 1. 万用表故障的排除

MF47 型万用表装配完成后,应对万用表进行测试,检查万用表的工作状态是否正常。

测试的顺序一般为：首先测试欧姆挡，其次测试直流电压挡，再次测试直流电流挡，最后测试交流电压挡。测试过程中会遇到不同的故障，在此仅列出常见的故障及其排除方法。

1）表头没有任何反应

万用表组装完成后：先对欧姆挡进行测试，将表笔短接，观察万用表是否能够调零；如果欧姆挡测试无反应，可调节挡位转换开关至直流电压"10 V"挡，对1.5 V的干电池工作电压进行测试；如果直流电压挡测试仍无反应，可调节挡位转换开关至交流电压"50 V"挡，对9 V电池的工作电压进行测试。如果进行上述测试时表头无任何反应，则故障原因可能为：①表头或表棒损坏或接触不良；②电刷未装或装错；③开关旋钮与电刷错位180°；④熔断器未装或损坏；⑤电池正极片与负极片装错、电池极性装错或电池的绝缘皮未去除（欧姆挡测试无反应时）。

2）表头指针反偏

表头指针反偏，一般是表头的引线极性接反所致；若欧姆挡、直流电压挡、直流电流挡测试时指针偏转正常，仅在交流电压挡测试时表头指针反偏，则故障原因为二极管极性接反。

3）测电压或电流时某一挡位不准

在测量电压或电流时，如遇到某一挡位测量值不准确，故障原因有：①该挡位对应的元器件焊接有问题，如虚焊或漏焊；②该挡位对应的元器件安装错误，参数不对，如4.99 kΩ电阻与4.99 Ω电阻弄混；③该挡位附近元器件有的引脚过长，将电路板顶起，导致电刷与电路板接触不良。

**2. 万用表的验收**

万用表的验收步骤如下。

1）直流电压挡的测试

旋转挡位转换开关至直流电压挡，将直流稳压源闭合，调节直流稳压源的输出到合适的值，分别用数字万用表与MF47型万用表测量直流电压值，每一挡至少测量3组数据，记录在表6.2.1中（也可对万用表使用的1.5 V、9 V电池进行测试）。

**注意**：测量直流电压时，应注意电压源输出端的极性，万用表的表笔连接时要对应连接正极、负极；直流电压"250 V"挡、"500 V"挡禁止采用过高电压测量，以免发生触电事故。建议用30 V直流电压来验证这两个电压挡功能即可。

表6.2.1 MF47型万用表直流电压挡测试数据记录表格

| 测试内容 | 测试挡位（量程） | 数字万用表读数/V | MF47型万用表读数/V | 误差 |
| --- | --- | --- | --- | --- |
| 直流电压（DCV） | 2.5 V | | | |
| | | | | |
| | | | | |
| | 10 V | | | |
| | | | | |
| | | | | |
| | 50 V | | | |
| | | | | |
| | | | | |

2) 欧姆挡的测试

旋转挡位转换开关至欧姆挡,在电阻箱上调节出不同的电阻值,分别用 MF47 型万用表的欧姆挡依次测量,每一挡位至少测量 3 组电阻值,在表 6.2.2 中相应位置记录测量结果,分析误差情况。

**注意**:万用表的欧姆挡每次换挡位后都应将表笔短接、调零后方可继续测量阻值。

表 6.2.2　MF47 型万用表欧姆挡测试数据记录表格

| 测试内容 | 测试挡位(量程) | 电阻箱阻值/Ω | MF47 型万用表读数/Ω | 误差 |
| --- | --- | --- | --- | --- |
| 欧姆挡(Ω) | ×1 | | | |
| | | | | |
| | | | | |
| | ×10 | | | |
| | | | | |
| | | | | |
| | ×100 | | | |
| | | | | |
| | | | | |
| | ×1 k | | | |
| | | | | |
| | | | | |
| | ×10 k | | | |
| | | | | |
| | | | | |

3) 直流电流挡的测试

旋转挡位转换开关至直流电流挡,按图 6.2.31 连接线路(实验室不提供恒流源,因此需要自行搭建电路来测试直流电流挡的功能),将 MF47 型万用表的表笔接入测试端,选取不同的 $U_S$ 与 $R$ 进行测量,每个挡位测量数据不得少于 3 组,将数据记录在表 6.2.3 中。图中直流毫安表提供准确的工作电流值,与 MF47 型万用表测量的结果进行对比。

**注意**:在连接测量直流电流挡的测试电路时,应注意电源的正极、负极,直流毫安表连接时电流应从"+"端流入、从"−"端流出,MF47 型万用表的表笔接入电路时也应一一对应连接极性。

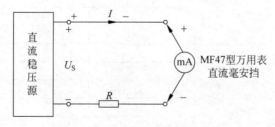

图 6.2.31　直流电流挡测量电路

表 6.2.3　MF47 型万用表直流电流挡测试数据记录表格

| 测试内容 | 测试挡位(量程) | 直流毫安表读数/mA | MF47 型万用表读数/mA | 误差 |
|---|---|---|---|---|
| 直流毫安<br>(DC mA) | 0.05 mA<br>(例如：$U_S=2$ V, $R=51$ kΩ) | | | |
| | 0.5 mA<br>(例如：$U_S=2$ V, $R=5.1$ kΩ) | | | |
| | 5 mA<br>(例如：$U_S=8$ V, $R=2$ kΩ) | | | |
| | 50 mA<br>(例如：$U_S=8$ V, $R=200$ Ω) | | | |

4) 交流电压挡的测试

旋转挡位转换开关至交流电压挡，接通单相调压器电源，调节单相高压器的输出到合适的值，分别用数字万用表和 MF47 型万用表的交流电压挡测量调压器的输出电压，每个挡位测量不得少于 3 组值，数据记录在表 6.2.4 中(也可对万用表使用的 1.5 V、9 V 电池进行测试，观察用交流电压挡测量直流电压的结果与直流电压挡的测量结果有何不同)。

**注意**：①交流电压挡的测量必须在指导教师的监督下，由最小挡位开始逐挡测量，建议测量电压最高不超过 220 V，测量挡位最高至"500 V"挡；②使用单相调压器的时候一定要注意慢慢增加输出电压，使用完毕后一定要将单相调压器输出手柄归零。

表 6.2.4　MF47 型万用表交流电压挡测试数据记录表格

| 测试内容 | 测试挡位(量程) | 数字万用表读数/V | MF47 型万用表读数/V | 误差 |
|---|---|---|---|---|
| 交流电压(ACV) | 10 V | | | |
| | | | | |
| | | | | |
| | 50 V | | | |
| | | | | |
| | | | | |
| | 250 V | | | |
| | | | | |
| | | | | |
| | 500 V | | | |
| | | | | |
| | | | | |

## 6.2.6　拓展提高

(1) 简述指针式万用表的工作原理。
(2) 如表 6.2.5 所列，写出元器件清单中部分元件的参数。

表 6.2.5 MF47 型万用表部分元器件的参数

| 元件类别 | 电阻值/标号 | 电阻色环颜色 | 万用表测量值 | 备注 |
|---|---|---|---|---|
| 电阻 | 0.94 Ω | | | |
| | 4.99 Ω | | | |
| | 4.99 kΩ | | | |
| | 141 kΩ | | | |
| | 6.75 MΩ | | | |
| 电位器 | 10 kΩ | | | 画出引脚图,记录实测总电阻值与分电阻值 |
| 二极管 | D1 | $R_正 =$ _____ Ω  $R_反 =$ _____ Ω | | 写出正向、反向电阻值 |
| | D4 | $R_正 =$ _____ Ω  $R_反 =$ _____ Ω | | |
| 电解电容 | | | | 画出引脚图,标出极性 |

(3) 回答以下问题。

① 电阻用色环表示阻值时,橙、蓝、紫、灰、白分别代表的阻值数字是多少?
② 如何判断二极管、电解电容的极性?
③ 电位器的作用是什么?
④ 二极管 D3 与 D4 的作用是什么?
⑤ 如何正确使用指针式万用表?

## 6.2.7 考核评价

电路实训安装与调试评价可参考表 6.2.6。

表 6.2.6 电路实训安装与调试评价参考

| 项 目 | 考核内容 | 配分 | 评分标准 | 得分 |
|---|---|---|---|---|
| 元器件成形及插装 | 1. 元器件成形;<br>2. 插装位置、色环与标记的朝向一致性,极性正确,高度适当;<br>3. 元器件排列整齐 | 15 | 1. 元器件成形不正确,错误一处扣 3 分;<br>2. 插座位置、元件的标记、极性、高度不正确,错误一处扣 3 分;<br>3. 元器件排列整齐,无高低不平,每错误一处扣 2 分 | |
| 焊接质量 | 1. 焊点均匀、光滑、一致性好<br>2. 元器件引脚不能过长、焊点质量合格 | 15 | 1. 出现搭锡、假焊、漏焊、焊盘脱落、桥焊等,一处扣 3 分;<br>2. 出现毛刺,焊料过多或过少、焊点不光滑、引脚过长,一处扣 2 分 | |
| 功能调试 | 1. 欧姆挡功能正常;<br>2. 直流电流挡功能正常;<br>3. 直流电压挡功能正常;<br>4. 交流电压挡功能正常 | 30 | 1. 欧姆挡不可测电阻,不可调零,扣 10 分;误差超过 5%,扣 5 分;<br>2. 直流电流挡、直流电压挡、交流电压挡不正常,各扣 5 分 | |

续表

| 项 目 | 考核内容 | 配分 | 评分标准 | 得分 |
|---|---|---|---|---|
| 安全文明操作 | 1. 工作台上的工具摆放整齐、工作台面清洁；<br>2. 操作时轻拿轻放工具；<br>3. 烙铁、烙铁架、镊子等工具无损坏、丢失；<br>4. 严格遵守用电安全、实验室安全操作规程 | 10 | 1. 工作台上的工具在使用完毕后未摆放整齐,台面未整理干净,遗漏一处扣2分；<br>2. 焊接时未轻拿轻放,损坏元器件和工具,一件扣3分 | |
| 故障排除能力 | 综合分析问题、排除故障的能力 | 10 | 对于因装配错误或元器件使用不当引起的故障,鼓励学生自行处理、解决；如经指导老师提示、指导仍不能排除故障,由指导老师代为处理,一次扣5分 | |
| 实习报告 | 实习报告 | 20 | 详细见实习报告要求 | |
| 合计 | | 100 | | |

## 6.3　CAI201型数字时钟安装与调试

数字时钟是一种利用数字电路技术实现时、分、秒计时的装置,与机械式时钟相比具有更高的计时精度且直观性好,无机械装置,具有更长的使用寿命。CAI201型数字时钟是一款基于单片机,采用LED七段数码管显示的多功能数字电子钟,具有设置简单、显示亮丽,走时准确等特点。

### 6.3.1　任务目标

(1) 了解数字时钟的工作原理。
(2) 掌握CAI201型数字时钟的安装步骤、使用与调试方法。
(3) 掌握常用电子元器件的规格、型号、主要性能以及选用和检测方法。
(4) 熟悉电工电子产品安装焊接工艺的基本知识和操作方法,并掌握手工焊接技术。

### 6.3.2　实训仪器和设备

(1) CAI201型数字时钟套件1套。
(2) 焊接练习与考核电路板1块、分立电阻若干。
(3) 焊接工具：电烙铁、剪刀、镊子、十字螺丝刀各1把,烙铁架1个。
(4) 焊料：焊锡、松香若干。

### 6.3.3　相关知识点

**1. CAI201型数字时钟的工作原理**

CAI201型数字时钟(实物如图6.3.1所示)包括主控制模块(单片机)、时钟模块、显示模块、按键输入模块、传感器模块以及提示音模块,其电路原理图如图6.3.2所示。

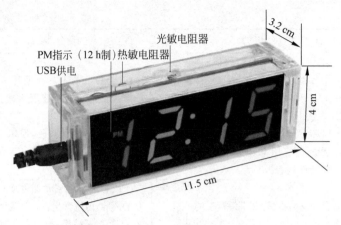

图 6.3.1 CAI201 数字时钟实物

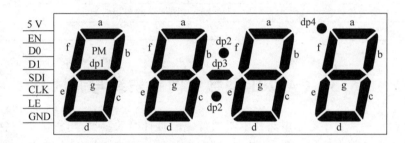

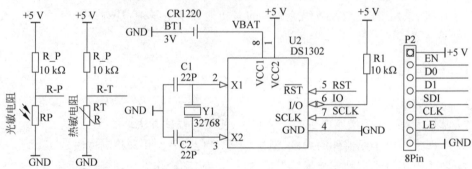

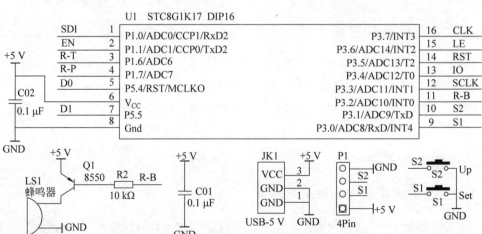

图 6.3.2 CAI201 型数字时钟电路原理图

主控制模块采用 STC8G1K17 单片机，可完成对时钟模块的时钟数据的读取；光敏电阻与热敏电阻与限流电阻组成的电路将采集的模拟信号转换成电压量，再送到单片机处理；可对系统两个按键进行扫描，从而完成数字时钟相关参数的设置；还可在所设置的闹铃时间或整点时驱动蜂鸣器发出提示音。时钟模块采用 DS1302 芯片及其外围电路实现，该模块可以对年、月、日、周、时、分、秒进行计时，且具有闰年补偿等多种功能，可为单片机提供准确的时间信息，并能在断电后继续工作。显示模块采用四位一体 LED 七段数码管（内置驱动芯片），实现显示 4 位时间等。按键输入模块采用两个机械式按键与单片机的 2 位 I/O 口独立连接，用于系统参数的设置。传感器模块采用光敏电阻与热敏电阻实现，可对环境亮度与温度数据进行采集（模拟信号）。提示音模块由源蜂鸣器实现，用于闹铃、整点提示。

**2. CAI201 型数字时钟部分元器件简介**

1）STC8G1K17 单片机

STC8G1K17 是一款高性能的单片机芯片，广泛应用于嵌入式系统和物联网设备中。STC8G1K17 单片机的实物如图 6.3.3 所示，其内部采用了先进的 8 位单片机架构，具有强大的计算能力和丰富的外设接口。工作时主频可达到 40 MHz，内置 8 KB 的 Flash 存储器和 1 KB 的随机存储器（random access memory，RAM），支持 32 个中断源，可以实现高效的中断处理。STC8G1K17A 还具有丰富的外设接口，包括多个通用 IO 口、SPI 接口、I²C 接口、UART 接口等。这些接口使得它可以与各种外部设备进行通信，如传感器、显示屏、存储器等。

2）DS1302 时钟芯片

DS1302 是一款常用的低功耗实时时钟芯片，具有低功耗、高精度和稳定性好等特点，适用于需要实时时钟功能的电子设备。如图 6.3.4 所示为 DS1302 芯片的实物图。其工作原理主要基于晶体振荡器和分频器。晶体振荡器产生稳定的时钟信号，经过分频器分频后得到秒、分、时等时基信号。DS1302 内部还包含了电池供电电路，能够在断电情况下继续工作，并保持时间信息不丢失。

图 6.3.3　STC8G1K17 单片机

图 6.3.4　DS1302 时钟芯片

3）光敏电阻（RP）

光敏电阻是利用半导体的光电导效应制成的一种电阻值随入射光的强弱而改变的特殊电阻器，又称光电导探测器。入射光强则电阻减小，入射光弱则电阻增大。还有一种是入射光弱则电阻减小，入射光强则电阻增大。如图 6.3.5 所示为一款常用的光敏电阻。光敏电阻对光的敏感性（即光谱特性）与人眼对可见光（0.4～0.76 μm）的响应很接近，只要是人眼可感受的光，都会引起它的阻值变化。

## 4) 热敏电阻(RT)

热敏电阻是一种温度传感器,它能够将温度变化转化为电信号,从而实现对温度的测量和控制。其工作原理基于塞贝克效应或珀耳帖效应。在热敏电阻中,通常使用的是 NTC(负温度系数)或 PTC(正温度系数)材料。NTC 材料在温度升高时电阻值减小,而 PTC 材料在温度升高时电阻值增大。如图 6.3.6 所示为玻璃管封装的 NTC 材料热敏电阻。

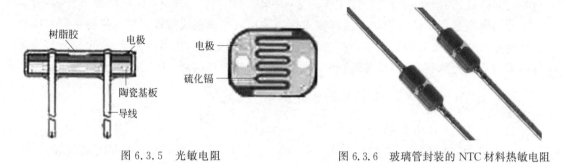

图 6.3.5　光敏电阻　　　　　　图 6.3.6　玻璃管封装的 NTC 材料热敏电阻

### 6.3.4　实训内容与步骤

**1. 清点材料**

电阻、电容及二极管的识别请参照 6.2 节内容,其他元件识别参照图 6.3.7。按照表 6.3.1 所列的数字时钟材料清单——清点材料。

**注意**:区分每个元件的名称与外形;清点完毕的材料要放好,不得遗失。

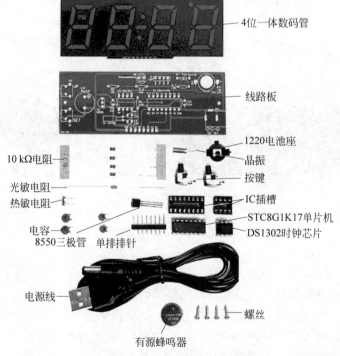

图 6.3.7　CAI201 数字时钟元件识别

表 6.3.1　CAI201 型数字时钟材料清单

| 类型 | 型号规格或相关描述 | 数量 |
| --- | --- | --- |
| 元件包 | 10 kΩ,1/8 W 电阻器 | 4 |
| | NTC MF58 型负温度热敏电阻:10 kΩ,5%,3950 | 1 |
| | 5 mm 光敏电阻:5516CDS | 1 |
| | 晶振:3×8,DT-38,32.768 kHz,12.5 pF,5PPM | 1 |
| | S8550,TO-92 直插三极管 | 1 |
| | 侧脚 6 mm×6 mm×10 mm 微动开关 | 2 |
| | DC005,DC 座,5.5 mm×2.1 mm 电源接口 | 1 |
| | 5 V 无源蜂鸣器:高度 8.5 mm×直径 12 mm | 1 |
| | 1220 电池弹片 | 1 |
| | 瓷片电容:22 P,50 V | 3 |
| | 瓷片电容:104(0.1 μF),50 V | 2 |
| | 螺丝:PA1.7×7 | 6 |
| | CR1220 电池 | 1 |
| | 2.54 单排排针:8 P | 1 |
| IC | IC 插座:8 P | 1 |
| | IC 插座:16 P | 1 |
| | DS1302,DIP8 | 1 |
| | STC8G1K17,DIP16 | 1 |
| 外壳 | 透明外壳 | 1 |
| 其他 | 说明书 | 1 |
| | 线路板 | 1 |
| | USB 供电线 | 1 |
| | 4 位一体数码管 | 1 |

## 2. 线路板(印制电路板)识读

在装配实训产品前,应先对产品的线路板(印制电路板(printed-circuit board,PCB))进行识读。识读时要注意以下几点。

(1) 线路板上的元器件全部用实物表示,但没有细节,只有外形轮廓或符号。
(2) 对有极性或方向定位的元件,按照实物上的标志识别安装。
(3) 线路板上的集成电路都有引脚排序标志,且大小和实物成比例。
(4) 线路板上的每个元件都有代号。
(5) 对某些规律性较强的元器件如数码管,有时在线路板上采用了简化表示方法。

CAI201 型数字时钟的线路板如图 6.3.8 所示。

## 3. CAI201 型数字时钟的安装

按照装配图,先安装个头小、高度低的元器件,再安装个头大、高度高的元器件。注意,安装前有的元器件要用万用表进行检测,以防误装。CAI201 型数字时钟参考安装顺序:电阻→晶振→瓷片电容→纽扣电池座→IC 插槽→蜂鸣器→三极管→按键、DC 电源插座→热敏电阻、光敏电阻→排针及数码管→数码管及线路板。

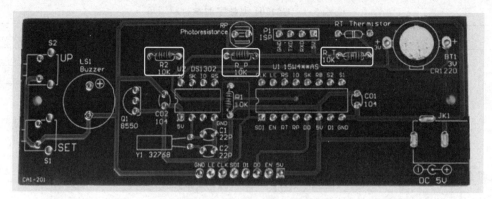

图 6.3.8 CAI201 数字时钟的线路板

在安装过程中,应注意如下事项:
(1) 安装光敏电阻和热敏电阻时要留出 1 cm 的高度,再弯折一下。
(2) 蜂鸣器有正负之分,蜂鸣器上带正号的方向对着电路板上带正号的方向安装。
(3) 集成电路要先安装 IC 插槽,待所有元件安装完成后再将集成电路装入管座上。集成电路和插座的缺口位置要与电路板上的缺口标记相对应。
(4) 安装三极管时,按照三极管的形状俯视图安装。
(5) 按键、DC 电源插座、纽扣电池座按形状位置安装。
(6) 数码管要先将排针焊接在数码管上,再将数码管焊接在电路板上。
(7) 全部元件安装后,要再检查焊接质量,看是否有漏焊、短路和虚焊现象。然后插入芯片和安装纽扣电池,即可接通电源进行测试。测试无误后将电路装入外壳,并用螺丝固定。

## 6.3.5 产品调试与验收

### 1. 调试

该产品结构简单,一般情况下,只要元件安装位置正确,无虚焊、漏焊或元件损坏,通电后即可使用。系统有 S1(SET)键与 S2(UP)键,功能说明见表 6.3.2。可按表 6.3.3 与表 6.3.4 完成对 CAI201 型数字时钟的基本设置。

表 6.3.2 CAI201 型数字时钟的按键(SET 与 UP)功能说明

| 设置说明 | 按 SET 键进入下一个设置。按 UP 键更改闪烁的数值。如果 15 s 内没有按按键,系统自动退出设置。每完成一次设置,系统会锁定按键。如果需要再次设置,应重新长按 SET 键或 UP 键进入 | |
|---|---|---|
| 复位 | 同时按住 SET 键与 UP 键 3 s 以上,所有数码管亮并发出声音再松开,显示 7:59,10 s 后变成 8:00 并发声,则复位成功 | 7:59 |

表 6.3.3 CAI201 型数字时钟的时间设置

| | 设置时间:按住 SET 键不放,出现"2021"闪烁后松开。进入时间设置后,按 UP 键可以修改,按 SET 键进入下一步 | |
|---|---|---|
| 设置年 | 1. 显示年,同时"21"闪烁,按 UP 键更改年(若设置错了,可以重新复位) | 2021 表示 2021 年 |

续表

| 设置日期 | 2. 按 SET 键,月数码管闪烁,按 UP 键更改月。再按 SET 键,日数码管闪烁,按 UP 键更改日 | `1-01` 表示1月1日 |
|---|---|---|
| 设置时间 | 3. 按 SET 键,时数码管闪烁,按 UP 键更改时。再按 SET 键,分数码管闪烁,按 UP 键更改分钟(再次按下 SET 键退出的时候,秒从 00 开始走) | `8:00` 表示上午8点,带 PM 表示下午 |

**表 6.3.4　CAI201 型数字时钟的其他功能设置**

**其他功能设置**:按住 UP 键不放,出现"24H"闪烁后松开。进入其他功能设置后,按 UP 键修改,按 SET 键进入下一步

| 设置时间显示模式 | 1. 松开 UP 键后,再按 UP 键,切换 24 小时制和 12 小时制(12 小时制的下午会显示 PM) | `24H` `12H` |
|---|---|---|
| 设置整点闹铃时间区域 | 2. 按 SET 键,显示"7-21",表示 7 点到 21 点有整点提醒。7 码管闪烁,按 UP 键更改。再按 SET 键,21 数码管闪烁,按 UP 键更改。改成"7-7"两个一样的数值,则整点闹钟关闭 | `7:21` |
| 设置第 1 路闹钟 | 3. 按 SET 键,显示"ON:A1",表示第一路闹钟打开;按 UP 键,显示"--:A1",表示第一路闹钟关闭 | `oN:A1` `--:A1` |
| | 4. 按 SET 键,进入第一路闹钟时间设置,时闪烁,按 UP 键更改时;按 SET 键,分闪烁,按 UP 键更改分 | `7:00` |
| 设置第 2 路闹钟 | 5. 按 SET 键,显示"--:A2",表示第二路闹钟关闭;按 UP 键,显示"ON:A2",表示第二路闹钟打开 | `--:A2` `oN:A2` |
| | 6. 按 SET 键,进入第二路闹钟时间设置,时闪烁,按 UP 键更改时;按 SET 键,分闪烁,按 UP 键更改分 | `7:00` |
| 设置第 3 路闹钟 | 7. 按 SET 键,显示"--:A3",表示第三路闹钟关闭;按 UP 键,显示"ON:A3",表示第三路闹钟打开 | `--:A3` `oN:A3` |
| | 8. 按 SET 键,进入第三路闹钟时间设置,时闪烁,按 UP 键更改时;按 SET 键,分闪烁,按 UP 键更改分 | `7:00` |
| 工作日闹钟设置 | 9. 按 SET 键,显示"--:E",表示工作日闹钟关闭,星期一至星期天都有闹钟;按 UP 键更改,显示"ON:E",表示星期一至星期五有闹钟,星期六、星期日没有闹钟 | `--:E` `oN:E` |
| 自动亮度模式 | 10. 按 SET 键,显示"oN-L",表示自动亮度打开,夜晚亮度自动变低。按 UP 键更改,显示"--L",表示自动亮度关闭,一直保持一种亮度 | `oN-L` `---L` |
| 设置亮度 | 11. 按 SET 键,显示"L-3",表示高亮度,按 UP 键更改成 L-1(低亮度)或 L-2(中亮度)。如果是自动亮度的话,此项设置不了 | `L-3` `L-1` `L-2` |
| 设置温度 | 12. 按 SET 键,显示当前温度。按 UP 键可以微调温度 | `25C` |
| 温度显示模式 | 13. 按 SET 键,显示℃,按 UP 键,可以切换到℉ | `C` `F` |
| 声音设置 | 14. 按 SET 键,显示"dU-1"(致爱丽丝音乐),按 UP 键可以更改成"dU-2"(欢乐颂)和"dU-3"(西班牙斗牛士) | `dU-1` `dU-2` `dU-3` |

续表

| | | |
|---|---|---|
| 时间校正 | 15. 按SET键,显示"de0",0表示无校正,按UP键可以设置每天自动增加或者减少多少秒。通过观察一段时间,掌握每天的时间误差来设置校正 | dP 0 |
| 显示模式设置 | 16. 按SET键,显示"dP-4",表示时间-温度-日期-星期循环显示,按UP键可以更改。dP-1:只显示时间。dP-2:时间-温度循环显示。dP-3:时间-日期-星期循环显示 | dP-1 dP-2 dP-3 dP-4 |
| | 17. 按SET键退出,设置完成 | |

**2. 验收**

将安装好的数字时钟接通直流电源,可正常循环显示当日当下的日历与时间,也可显示环境温度、光照强度。系统还可通过按键完成闹钟的设定,走时至闹钟时间,蜂鸣器发出提示音。系统运行时显示稳定,LED数码管可多色显示系统时间及相关参数。

### 6.3.6 考核评价

考核的详细内容与要求、评分标准请参考表6.2.6。

### 6.3.7 实习报告要求

(1) 实习的时间、地点、内容与实习的过程。
(2) 本次实习的意义及体会、建议。
(3) 简述数字时钟的工作原理,时间、日历等参数的设置过程。

# 参 考 文 献

[1] 王素青,鲍宁宁,魏芬,等.电子线路实验与课程设计[M].北京:清华大学出版社,2019.
[2] 王勤,王芸,沈晓帆,等.电路实验与实践[M].北京:高等教育出版社,2014.
[3] 赵磊.电路实验教程[M].南京:东南大学出版社,2023.
[4] 尹明,李会,刘真海.电工电子电路实验教程[M].哈尔滨:哈尔滨工业大学出版社,2023.
[5] 邢丽冬,潘双来.电路理论基础[M].3版.北京:清华大学出版社,2015.
[6] 许胜辉,蔡静.电子电路实训与仿真[M].北京:人民邮电出版社,2019.
[7] 徐少华.电工电子实习指导书[M].武汉:武汉理工大学出版社,2021.
[8] 董新娥,袁佩宏.Multisim 10仿真实验[M].北京:机械工业出版社,2018.
[9] 施娟,晋良念,周茜.电路分析基础[M].2版.西安:西安电子科技大学出版社,2021.
[10] 汪建,刘大伟.电路原理[M].3版.北京:清华大学出版社,2020.
[11] 战萌泽,张立东,李居尚.电工电子技术实验[M].西安:西安电子科技大学出版社,2022.
[12] 雷宇,李娟,杨旭.电路实验[M].西安:西安电子科技大学出版社,2022.

# 附 录

# DGL-I 型电工实验板

DGL-I 型电工实验板面板如附图 1 所示。电工实验板上的元器件相互独立，使用时只需将元件两端插孔连接到电路，简单方便。

**注意**：(1) 电工实验板右上角的 +12 V 与 -12 V 接线柱已与运算放大器芯片相应电源引脚相连；

(2) 电工实验板右上区域内标有接地符号"⊥"的接线孔之间相互导通。

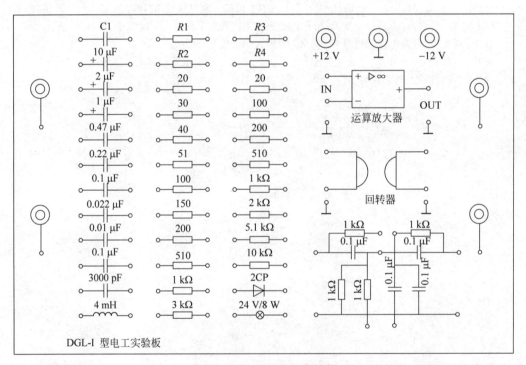

附图 1　DGL-I 型电工实验板